JN170102

動物たちの命の灯を守れ！

夜間動物病院奮闘ドキュメント

細田孝充

写真撮影・提供

藤井康一、鈴木哲也、葉山 俊、辻 昌子、
新井 弦、原 英子、細田孝充

取材協力

DVMsどうぶつ医療センター横浜
神奈川県横浜市都筑区川向町966-5
http://www.yokohama-dvms.com/

序章　真夜中の緊急手術

2004年春。

「ハアハア」

陣痛が始まり、呼吸が速くなる。ヨークシャー・テリアの母犬の体がかすかに震える。家族全員でペットの出産を見守る。間もなく新しい命の誕生だ。この家の子どもたちは、もうじき会えるかわいい赤ちゃん犬を想像して、期待に胸を膨らませている。

「がんばれ、がんばれ。もう少しだよ」

しかし、なかなか出産には至らずに1時間が過ぎた。時計の針は夜の11時を指そうとしている。

「どうしたの、大丈夫なの?」

荒い息づかいで体を横たえる母犬を見て、飼い主は心配に駆られた。このまま様子を見るべきか、それともすぐに動物病院で診てもらうべきなのか……。素人では判断がつかない。時間が経つほどに不安が募り、かかりつけの動物病院へ電話してみる。

「本日の診察は終了しました。診察は朝9時から夜7時まで……」

聞こえてきたのは留守番電話の応答メッセージだった。焦って電話帳に載っている動物病院に片っ端から電話するが、どこにもつながらない。

「どうすればいいんだ」

途方に暮れているときに、かかりつけの動物病院でもらってきたチラシを思い出した。何気なく取っておいたそのチラシが、役に立つかもしれない。

見てみると、「夜間のペットの急患に対応します」と書かれてある。その連絡先に、わらにもすがる思いで電話をかけた。チラシには大きく「横浜夜間動物病院」と書かれていた。

東京都世田谷区と神奈川県横浜市を結ぶ第三京浜高速道路。全長は16・6㎞で、毎日多くの車が行き交う、首都東京と大都市横浜をつなぐ交通の大動脈だ。その高速道路の中間にあるのが港北インターチェンジ（IC）だ。横浜市の中心部からも東京の世田谷区からも車で10分ほどのところに位置している。

港北ICで高速道路を降りると、片側3車線の道路に出る。そこを走って最初の信号を右折すると、道路に沿うように建てられた横長で白い3階建てのビルがある。高速道路を降りてから、車で2分もかからない距離だ。

駅からも遠く離れたこのあたりは、周囲に住宅や商店がなく、道路沿いには工場が並んでいる。夜になると人通りはなくなり、暗がりの中を車が行き交う。

ビルの1階は昼間営業の大型工具店。3階にはお酒が飲めるプールバーがある。2004年1月に、国内でも珍しい夜間専門の動物病院がこの2階に開業した。診察時間は夜9時30分から翌朝5時で、夜間のペットの急病やケガに対応した。ここには横浜市内だけでなく、神奈川県内全域、さらに東京都、千葉県、埼玉県、静岡県からも多くの急患のペットたちが連れてこられた。

「近所の動物病院が開く明朝まで待てない。すぐに診てほしい」

こういって、高速道路を使って2時間以上かけて来院する飼い主もいた。ペットが体調を崩したりケガをしたりすることに、日中も夜間も関係はない。そして出産もまた、昼間にするとは限らなかった。


横浜夜間動物病院に電話の着信音が響いた。

「はい、横浜夜間動物病院です。どうしましたか」

「犬の赤ちゃんがなかなか生まれなくて。母犬が苦しそうで、どうしたらいいですか」

不安げな声で飼い主の男性が聞いてくる。

「具体的にどんな様子ですか」

「産気づいてから1時間以上経つのに出産が始まらなくて、今はもう力なく横たわってしまってるんです」

陣痛が始まってから30分以上苦しんでいるのに分娩が起こらないなら、難産に陥っていると考えていい。急いで獣医師がお産の手助けをしなければ、母体も胎子も命が危ない。

「陣痛が始まってから1時間ほど経っているんですね。ワンちゃんの年と犬種は」

「3歳のヨークシャー・テリアです」

電話を受けた動物看護師は、冷静に飼い主から必要な情報を得ていく。電話の相手が語る内容を大きな声で復唱することで、スタッフ全員が即座に情報を共有した。ここは急患が多く訪れる動物病院、時間との勝負だ。電話がかかってきたそのときから診察は始まっている。電話の内容を聞きながら、スタッフたちは難産に苦しむヨークシャー・テリアを迎える準備を始めた。獣医師は、この動物病院へ連れてくるまでに注意すべきことを飼い主に伝えた。

犬は一度に何頭もの赤ちゃんを産む。それでもお産が軽いため、犬は安産の象徴とされている。日本では古くから妊娠5カ月目に入った最初の戌（いぬ）の日に腹帯を巻き、安産祈願のお参りに行く風習があるほどだ。

しかし実際には、犬だからといって安産ばかりではない。たとえば頭が大きく肩幅のあるブルドッグはお産が大変な犬種として知られるし、小型犬は、母犬の体が小さいために難産になるケースが多い。成犬になっても体重が3kgに満たないヨークシャー・テリアもそうだ。

「帝王切開の準備をしておいてください」

自然分娩は難しいかもしれないと考えた獣医師の指示で、スタッフはエコー（超音波）検査や手術の準備にかかった。

母犬を車に乗せ、飼い主はハンドルを握って車を走らせた。信号待ちの時間がいつもより長く感じ、気持ちばかりが焦る。高速道路を港北ＩＣで降りて少し走ると、暗がりの中にポツンと明るい光を放っている建物が見えた。

「あそこだ！」

近づくにつれてその光がだんだん大きくなってきて、飼い主の心に希望が宿る。

ここはかかりつけの動物病院ではない。飼い主たちは初めてここへ来ることが多いのだが、慌てている上に夜は昼間と比べて病院の場所を見つけにくい。だから暗がりの中で遠くからでも建物が目立てば、通り過ぎて時間のロスになることが防げる。そんな思いが、壁いっぱいに広く取られた窓からこぼれてくる蛍光灯の光には込められていた。

病院の前では、手術着姿の動物看護師が到着を待っていた。力ない犬を受け取ると、抱きかかえて階段を駆け上がる。蛍光灯に照らされた明るい待合室を過ぎ、観音開きのドアを押し開けて診察室へ走り込んだ。待ち構えていた獣医師と動物看護師が、無駄のない動きで診療にあたる。

ヨークシャー・テリアの骨盤は、胎子が通るには狭すぎた。絹のように長く美しい被毛をまとった母犬は、診察台の上でぐったりとして苦しそうに息をしていた。体力の落ちている今の状態では、母子ともに命が危ない。すぐに帝王切開に向けた準備が始まった。

獣医師は手術着の上に水色の滅菌ガウンをすばやく身につけ、ラテックスの手袋をはめた。頭には使い捨ての手術用の帽子をかぶり、顔を紙マスクで覆う。滅菌された手術器具はすでに準備されていて、整然と並べられていた。

お腹の毛を手早くバリカンで刈り、皮膚が見えるようにツルツルにして消毒。血管内に麻酔薬を注射すると、数秒後に母犬は深い眠りに落ちた。呼吸をコントロールし、麻酔状態を維持するために気管チューブを挿管。手術台に横たわる母犬を見る獣医師のまなざしが鋭くなる。命を救おうとする気迫に満ちた目だ。

深緑色の滅菌布の窓からヨード液を塗布された母犬の皮膚が、無影灯の明るい光に照らし出されていた。迷うことなくメスで切開する。出血は多くない。脈も呼吸も安定している。子宮を切開すると、3頭の胎子がいた。2頭の男の子と1頭の女の子だった。動物看護師は羊水で濡れた全身を、やわらかな乾いたタオルで拭いた。そして純白のタオルで子犬をくるむと、頭を下にして軽く振り、鼻や口に溜まった羊水を遠心力で排出させた。体をこすって自発呼吸をうながす。

「ミャーミャー」

生まれたばかりの子犬たちは、子猫のような高い鳴き声を手術室に響かせた。

獣医師は、最後の仕上げに取りかかった。へその緒を胎盤から切り離し、子宮を吸収糸（溶けて自然になくなる糸）で縫合していく。流れるような手さばき。そのかたわらには、手術をサポートする動物看護師がいた。見事な連携で、麻酔をかけてから1時間もかからずに手術は終了した。

獣医師の表情が緩み、スタッフも安堵の表情を浮かべた。獣医師は待合室の飼い主に声をかけた。

「もう大丈夫ですよ。元気な3頭の赤ちゃんです。よかった、よかった。自力で出産するのを待っていたら、母子ともに危なかったですね」

「本当にありがとうございました」

病院に来てからずっとこわばっていた飼い主の顔が初めて和らぎ、その目にはうっすらと涙が浮かんでいた。

「かかりつけの動物病院にはファックスで連絡しておきますので、明日必ず経過を診てもらってくださいね」

そのとき、母犬が麻酔から目覚めた。母犬のお腹には、手術後の痛々しい縫合の跡がある。それでも生まれたばかりの子犬たちに、免疫と栄養が詰まった初乳を与える。子犬たちも乳房を探して吸いつく。飲み終えると、子犬の排泄を促すために母犬はお尻のあたりをなめ始めた。誰から教わったわけでもないのに、母犬も子犬も本能のままに動いている。生きる力のたくましさ。

母犬の命と新しい命の両方を助けることができたスタッフたちは、充実感に包まれていた。薄いカーテンで仕切られた手術室の横から、その様子をじっと見守るひとりの男がいた。スタッフの身なりとは異なり、糊のきいたＹシャツにセンスのいいネクタイを締め、精悍な顔つきをしている。

藤井康一。この「横浜夜間動物病院」をゼロから立ち上げた人物だった。

第１章　設立の立役者

1962年10月、藤井は神奈川県横浜市港北区にある藤井家の次男として生まれた。藤井家は東急東横線の妙蓮寺駅から歩いて5分ほど、商店街を抜けた線路のそばにあり、自宅の1階では父親の勇が「藤井愛犬病院」を開業していた。

「藤井さんのところは、とても熱心に診察をしてくれる」と噂されるくらい、勇の仕事ぶりは近所で評判だった。飼い主たちの信頼に応えようと休みなく働き、最先端の治療法もどんどん取り入れていた。「仕事の鬼」と周囲からいわれるほど仕事への妥協を一切許さず、勤務獣医師たちを熱く指導する大声がよく聞こえた。

藤井が寝る時間になっても、勇はまだ1階の病院で仕事をしていた。そして朝目覚めると、もう1階で仕事をしていた。勇はどんなに夜遅くまで働いても、朝4時には必ず起きて入院中の動物たちを診て回った。

「お父さんはいつ寝ているんだろう?」

藤井は不思議だった。

「お兄ちゃん、今日もお父さんのところへ行ってみようよ」

夕食を食べ終えると、藤井は兄を誘って1階の病院へ下りていった。診察時間が終わった静かな病院の中で、手術室だけ明かりがついていた。中を覗くと、手術台の上に大きな犬が乗せられていた。

「これからフィラリア（犬糸状虫）を取り出す手術をするから、静かにしていろよ」

子どもたちは父親の横に立ち、息をひそめて手術の様子を見つめた。フィラリアとは、20〜30cmほどの細長い、乳白色の寄生虫のことだ。犬の心臓や肺の血管にフィラリアが詰まると、血液がうまく流れなくなる。手術をしてフィラリアを体から取り出さなければ確実に死に至る。

藤井の目の前の手術台には、自分と同じぐらいの体重がありそうな犬が乗せられていた。その犬の頸静脈からは、そうめんのように細長いフィラリアが、次々につまみ出された。

「いーち、にー、さーん」

取り出されるフィラリアを数えることが、いつの間にか藤井の仕事になっていた。

「今日は16匹もいたよ」

「そうか、たくさんいたなあ。これでこの犬もまた、元気に走り回れるようになるぞ」

いつも気難しい表情をしている父親が、ふっとやさしい表情を見せた。

病気やケガで苦しんでいる動物たちを、魔法を使うように治してしまう父。その姿を見て育った藤井の夢は、父親のような獣医師になることだった。高校を卒業すると、父親の母校でもある麻布大学獣医学部へ進学した。

勇は診療のかたわら、犬や猫の治療に関する論文を数多く執筆していた。

「これからの獣医療に携わるのなら、広い視野を持っていたほうがいい」

世界の獣医療を息子に見せるために、勇は大学生になった藤井を海外の学会へ連れていった。

藤井は24歳で国家試験に合格し、獣医師の仲間入りを果たした。父親の病院で働き始めると、乾いたスポンジのように獣医療の知識と技術を吸収していき、3年の月日がまたたく間に過ぎた。研修医として3年の経験を積むと、一人前の獣医師として扱われるようになる。そろそろ藤井も獣医師としてひとり立ちをする時期がきていた。これから獣医師として歩み続けていく上で、何をやっていくべきか。この病院で獣医師として成長するべきか、それともほかの動物病院で修業を積むのがいいのか……。

将来を悩む藤井に、父親はアメリカへの留学を強くすすめた。そこには自分にはかなえられなかった、息子に託すある思いがあった。

1970年代、フィラリア症は犬の死因のトップといわれていた。勇はフィラリア症の「後大動脈塞栓症」という病態を突き止め、頸静脈からフィラリアをつり出すという画期的な手術法を開発した。死の病の淵で苦しんでいた犬を救う大発見だった。腕のいい獣医師がいるという噂を聞きつけた飼い主たちが、遠く九州からもやってきて、病院はますます忙しくなっていった。

日本の学会でフィラリア症に関する研究発表をした勇の名前は、日本の獣医界に広く知られるようになった。やがてこの手術法は世界中に広がっていくことになる。しかしこの手術法の考案者として広まったのは、何と別の人物だった。研究を知ったアメリカ人獣医師が勇から研究資料を受け取り、自分の業績としてアメリカで発表してしまったからだった。

しかし勇は、その人物を非難しなかった。まるで自分が発見したかのようにアメリカの学会で発表してくれたその人のおかげで、新たな治療法が世界に広められ、多くの犬の命を救うことにつながったからだ。長年研究してきた業績を横取りされた悔しさは計り知れない。でもそんな気持ちは微塵も出さずに、勇は横浜の地でそれまでと変わらず、毎日連れてこられた動物たちの様子を丹念に診て、また後進の育成にも努めていた。

だから息子には英語で海外の獣医師たちと渡り合える人間になってもらいたいと願った。新たな治療法を習得したら、世界中の多くの動物を助けられるように、海外の学会で研究発表ができる獣医師になってほしかった。

一方の藤井本人は父親から強くすすめられていたものの、アメリカ留学にはあまり乗り気ではなかった。それは、アメリカへ留学した人たちの帰国後の様子を見ていると、懐疑的になってしまうからだった。すべてではなかったが、短い期間でもアメリカへ留学した人が、急にその分野の大家のような顔をして世界の最新の治療法を紹介するセミナーを開いていた。そんな姿を目にしていた藤井にとって、留学とは獣医師としての箔をつけるための機会に過ぎないような気がしてならなかった。

留学に対して単に憧れるだけの気持ちではなかった藤井は、日本とアメリカの獣医療をしっかりと学び取って、世界中の獣医師と渡り合える力を身につけるためにアメリカへ行こうと決意した。さらに日本が誇る工業技術のように、日本の獣医療が世界レベルにあるということを、自分の目で確かめてみたいとも思っていた。

藤井動物病院外観。藤井の父・勇が開業し、現在も横浜市港北区で多くの動物を診察している。

藤井は現在、（一社）日本獣医麻酔外科学会や（公社）日本動物病院協会（JAHA）で要職に就き、獣医療を発展させようと精力的に働いている。

1983年、オーストラリアのパースで開かれた世界獣医大会に参加したときの藤井（当時20歳）。当時このような学会に学生が参加することは珍しく、非常に緊張したという。

１９９０年、27歳の藤井は熱い思いを胸にアメリカの地へ渡った。当時、アメリカで獣医療を本格的に学ぶ日本人留学生は少なかった。専門的な英語の授業についていくことは難しく、ほとんどが1年ほど学んで帰国していた。

藤井が留学先に選んだのはアメリカ東部、フィラデルフィアにあるペンシルベニア大学獣医学校だった。ここはハーバード大学、コロンビア大学、コーネル大学など8つの名門大学から成る「アイビーリーグ」に属し、世界中から優秀な学生たちが集まっていた。

日本とアメリカでは、獣医師になるための道のりが大きく異なる。日本では高校卒業後、獣医学部のある大学へ入学して6年間勉強する。

一方アメリカの大学には、日本のような獣医学部はない。まず大学で4年間、生物学や動物学などを理系の学部で学び、卒業して学士を習得すると獣医学校の入学試験を受験する資格が得られる。この試験に合格して初めて、獣医療を学ぶことができるのだ。

しかし、誰もが獣医学校に入学できるわけではない。大学での成績がトップクラスであることに加えて、動物病院や農場などでのボランティア経験も必要となる。

アメリカで獣医師になることはとても難しい。その要因のひとつに、獣医大学の数の少なさがある。アメリカで獣医師になることは、人間の医師になるより難しいという声もあるほどだ。

獣医学校で同級生となった１４０人の同級生たちは、勉強に対して驚くほど真剣に取り組んでいた。学費を自分で出している者も多く、払った分はしっかりと学んでやろうという気概を感じた。朝6時には学校へ来て勉強を始め、授業が終わった後も深夜0時過ぎまで大学の図書館にこもって勉強を続けている者も少なくなかった。

日本の獣医師免許を持つ藤井は、3年次のクラスに編入した。同級生の平均年齢は27歳。日本の獣医大学で6年間勉強し、さらに3年間研修医として働いていた藤井も27歳。同年代の仲間たちから刺激を受けながら、アメリカでの挑戦が始まった。

授業はもちろん英語で行われた。英語が理解できなければ、授業についていけない。それも日常会話のレベルではなく、獣医療の専門用語を理解する力が求められる。日本で獣医師として働いていた藤井でも、英語で獣医療を学ぶのはとても大変なことだった。

藤井はフィラデルフィアの郊外にアパートを借りてひとり暮らしをしていたため、食事や身の回りのこともすべて自分でやらなければならなかった。

課題や予習、復習に追われ、夜遅くまで図書館に残って勉強する日々が続いた。1日が24時間では足りず、学校とアパートを往復するだけの日々。1日の睡眠時間は3時間ほどで、入学してからの2年間で藤井の体重は9kg減った。

藤井がとくに興味を持ったのは実習の授業だった。アメリカの獣医学校では、学生も動物病院で診療にあたった。

入学して半年ほど経ったある日、スタンダード・プードルのオスが来院し、この犬を藤井が診ることになった。

「日本で3年間、獣医としてやってきた実力を見せてやろう」

スタンダード・プードルは数カ月前からやせ始めていたが、その原因がわからないということだった。飼い主に質問をして病気の原因を探ったが、有力な情報は得られなかった。体全体を触診しても、胸部や腹部を聴診してもとくに異常は見られなかった。

なぜこの犬がやせ続けているのか、ここまでの診察ではわからなかった。そこで藤井は担当教授に血液検査、尿検査、レントゲン検査、エコー検査をして原因を探ることを提案した。担当教授は、リットマンという40代後半の女性だった。

「こんなおばさんにわかるものか」

1日10頭ほどしか診察していない教授たちを、藤井は冷めた目で見ていた。日本で毎日80頭以上の患者を診察してきた自負が、異国の地で藤井を支える力となっていたのだろう。

リットマン教授の診察が始まった。犬のお腹をさわるとすぐに、病気の原因となっていたしこりを見つけた。しこりがなかなか見つけにくい場所にあったとはいうものの、触診に自信を持っていた藤井にとって、目の前で起きた出来事は大きなショックだった。藤井のプライドはへし折られた。

しかしそのことで逆に藤井は素直になれた。それまでどこか冷ややかに見ていたアメリカの獣医療に対して、しっかりと自分のものにして帰国しようとやる気にスイッチが入ったのだ。

「この大学でいちばん触診のできる獣医師になってやる」

藤井の目標が定まった。触診や聴診で病気の原因を探ることができれば、不必要な検査をする必要がなくなる。動物たちの体への負担も、飼い主の金銭的な負担も少なくすることができる。藤井は、初心に返ってしっかりと学ばなければいけないと痛感した。

さらに藤井のその後の診療に大きな影響を及ぼす人物にも出会った。それはこの獣医学校で教鞭をとっていた30代の若い男の先生で、後に米国内科学会長になるワシャボウ教授だった。多くの生徒たちから慕われていたワシャボウ教授は、学生たちにいつもこう説いていた。

「問診、触診、聴診で診断の70％以上が決まる」

何も話さない動物たちをしっかりと見て、さわって、聴く。実際に患者の体にふれて病気の原因を探ることが、医療機器を使った検査よりもどんなに重要かを学んだ。検査にばかり頼らない診察の能力を、必ず身につけて日本に帰ろうと藤井は心に決めた。

4年生になると机上での講義はなく、すべて現場での実習授業になった。さまざまな科を1～3カ月の期間で順番に経験していく。その中で藤井は、内科に集中して学ぶことにした。外科の手術が必要になる場合でも、まずは内科で病気が何であるかを見つけなければ治療が始められない。だからこそ藤井は内科のスペシャリストになろうと、皮膚科、脳神経科、腫瘍科、内分泌科、循環器科、脳神経科、放射線科、小児科で2年間を現場実習に費やした。藤井はほとんど休みも取らずに、実習に没頭した。

実習のひとつにＥＲ（救命救急）があった。アメリカには日本と異なり、ＥＲ専門獣医の国家資格があった。研修医として1年、内科医として3年、外科医として3年の経験を積んで初めてER専門獣医の国家試験受験資格が得られるのだ。

日本の大学では机上でERを学んでいたが、アメリカではERの専門獣医のもとで学生も実習に加わった。それは夜9時に始まり、翌朝6時まで続くという体力的に厳しいものだった。しかし病気やケガで弱っていた動物たちが元気になり、笑顔の飼い主と一緒に帰っていく姿を見ると、疲れもどこかへ吹き飛んだ。

アメリカでの勉強に手応えを感じ始めていたころ、日本から藤井に思いも寄らない電話がかかってきた。

「お父さんが脳梗塞で倒れた。すぐに日本に帰ってきて」

藤井は悩んだ。すぐにでも父のもとへ飛んで帰りたい気持ちだったが、今帰ったら留学中に身につけようと決めたことが中途半端で終わってしまう。

日本で獣医大学の学生だった藤井に海外の獣医療を見せ、さらにアメリカへの留学を誰よりも応援してくれた父。その思いに報いるには、最後まで留学をやり遂げなければならない。

「父親が死ぬかアメリカの獣医療を習得し終えるかのどちらかでなければ、日本には帰らない」

藤井は家族につらい決心を伝えた。遠いアメリカの地で回復を祈りながら、藤井は今まで以上に一心不乱に勉強に打ち込んだ。

藤井が何としても習得しようとしていたのは、「本質的問題の解決」による治療法だった。これは客観的なデータと主観的なデータに基づいた必要な検査だけをして、誰もが同じように疾患を突き止められる方法だ。

たとえば発熱がある場合、ほかの症状も考え合わせて感染症か腫瘍を疑うとする。触診やレントゲン検査で腫瘍が見つからなければ、この原因は除外されて感染症を疑う。今度は白血球の数値を計測する。数値が高いことで感染症の可能性が高いことがわかり、今度は何の菌に感染しているのか血液を培養する。

こうやって、わかれ道の一方を正しく選択していくのだ。霧の立ち込めた中、行く先の見えない道が数本あっても、理論的に正しいひとつの道を選び続ければ、目的地にたどり着く。崖から落ちるような誤診は回避できるのだ。

多くの獣医師は何件もの症例を診ていくと、危機を回避する道を経験や勘から選ぶことができるようになる。しかし藤井がアメリカで学び取ろうとしていたのは、経験や勘に頼らずに、誤診を防ぐ技量を身につけられる診療法だった。誤診が少なくなるならば、この診療法を誰もが習得したいと思うはずだ。

だが、この診療法には難点があった。それは、自分の選んだ考え方が合っているのかどうか実践を通して学んでいくため、根気と時間を要する点だ。劇的に動物を回復させるような華やかさはないが、確実に動物たちの命を助けることのできる技術だった。

「原因がよくわからないから、とりあえず検査をいろいろとやってみよう」

このような診察法は「フィッシングツール」と呼ばれ、それは獣医師の未熟さを揶揄する言葉だった。問題を解決するためには、どのような検査が必要なのか。獣医師の経験からくる診察の技術は、時間とともに誰にでもついてくる。でもそこにたどり着くまでには、誤診と不必要な検査をしてしまうことがあるかもしれない。藤井は動物たちの体への負担や飼い主の金銭的な負担を考えて、検査を最小限で済ませられることを目指した。

3年間の留学生活ではさまざまな経験を積み、多くの知識を得ることができた。帰国した藤井は、仕事に復帰できるほどに回復していた父親を支え、再び藤井動物病院で働いた。

勇は動物の診療や研究のほかに、これからの獣医療を担っていく若者の育成も積極的に行っていた。藤井動物病院の勤務獣医師として働く多くの若者を教え導き、一人前の獣医師に育て上げた。この病院から80人以上の若者が巣立っていた。彼らは次々に新たな動物病院を開業し、地域の獣医療を支えた。

横浜市獣医師会会長を務め、長年日本の獣医療に貢献した勇に神奈川県県民功労賞が授与され、翌年には国から「業務に精励し、衆民の模範たるべき者」に与えられる黄綬褒章が贈られた。

藤井が帰国して4年後の冬に父親が亡くなった。藤井は35歳で二代目の院長になった。院長になった藤井は改めて、父親の偉大さを感じた。一代で築き上げたこの病院には優秀なスタッフがそろい、また飼い主たちからは大きな信頼を得ていた。

藤井が院長になる2年前の1995年、社団法人日本獣医師会（当時）は「獣医師の誓い―

一九九五年宣言」を発表し、獣医師として果たすべき5つの基本理念を掲げ、その前文でこう述べていた。

「獣医師は、また、人々がうるおいのある豊かな生活を楽しむことができるよう、広範多岐にわたる専門領域において、社会の要請に積極的に応えていく必要がある。獣医師は、このような重大な社会的使命を果たすことを誇りとし、自らの生活をも心豊かにすることができるよう、高い見識と厳正な態度で職務を遂行しなければならない」

人間とペットたちの関係が密接なものに変化している中で、獣医師は社会的な使命と責任をより求められるようになっていた。藤井は自分の病院の運営だけではなく、獣医療に携わる者として社会にどのように貢献していけるだろうかと考えた。

第2章　孤独な闘い

午前4時。夜明け前で外は真っ暗だ。藤井は寝室でパチリと目を覚ますと1階の動物病院へ下りていった。

人間の気配を感じた動物たちが鳴き声をあげる。入院している犬の目をじっと見つめながらケージの扉を開けた。小さな変化も見逃さないように、体のすみずみまでさわって確かめていく。大切なペットの命を預かる責任の重さを父親から学んでいた藤井は、父親と同じように毎朝4時の回診を欠かさなかった。これをしないと、飼い主に嘘をついているような気がした。

「夜の間にどんな動物が来たかな」

回診を終えた藤井は、宿直の獣医師が書いた報告書に目を通した。

藤井動物病院には、7名の勤務獣医師がいた。彼らは毎日交代でひとりずつ病院へ泊まり込み、急患の診療を行う「宿直」をしていた。夜間に宿直が常駐している動物病院は、横浜市内では藤井動物病院のほかにはほとんどなかった。そのため、毎晩20件ほどの電話がかかってきた。

「その様子ならば明日まで待って、かかりつけの病院で診てもらって大丈夫だと思いますよ。容体が変わったら、またすぐに電話をしてきてください」

獣医師の意見を聞いて大丈夫だとわかった飼い主たちは、安心した声で礼を述べて電話を切った。連絡のあった多くが急を要するものではなかったが、中にはすぐに診察が必要なケースもあった。手術が必要な動物が来た場合には、術後の経過を観察するために宿直は朝まで眠ることができなかった。一方で急患が来ないときには、翌日もふだん通りに勤務をするために眠っておかなければならなかった。

藤井動物病院には、4畳ほどの広さの宿直室があった。ここで仮眠をとりながら、急患に備えるのだ。耳元には、電話の外線やインターホンにつながっているベージュ色の電話機が置かれていた。

いつどんな急患がやってくるかわからない緊張感の中では、どうしても浅い眠りになった。宿直の仕事は肉体的にも精神的にもつらかったし、電話相談ではまったく利益にならなかった。それなのにほかの動物病院がやらない仕事を、藤井動物病院は続けた。

「ペットの急な病気やケガにいつでも対応して、飼い主が安心してペットと暮らせる社会にしたい」

獣医師としての使命感が彼らを奮い立たせていた。

夜間の急患への対応の必要性は、飼い主だけではなく同業の獣医師たちも感じていた。開業獣医師たちは、できる限り夜の急患に対応しようと努力していたが、それは大きな負担だった。市内にある多くの動物病院が、獣医師ひとりとそれを補助する動物看護師で診察を行っていた。そのため常に真夜中の急患に対応していたら、疲れ果てて翌日の昼間の診察がおろそかになってしまう。

夜間診療のために別のスタッフを雇えばいいのだが、利益が出るほど毎晩急患が来るわけではなく、スタッフを常駐させることは難しい。ペットの数は年々増え続けていたため、夜間の獣医師の負担を減らすことは急務だった。

また2004年の調査で、29歳以下の獣医師の数は女性が男性を上回った。そんな状況の中で、真夜中に女性獣医師がひとりで診察を行うときの安全をどう確保していくのか。

夜間の急患は動物や飼い主だけではなく、獣医療に携わる者のためにも早急に取り組むべき課題となっていた。一刻も早く解決しなければならないと、藤井は強く感じていた。

「夜間専門の動物病院を作りましょう」

横浜市の獣医師が集まる会合で、藤井は1人ひとりに声をかけて協力してくれる仲間を探した。しかし自分の病院だけでも忙しいのに、地域の獣医療にかかわる仕事をするだけの余裕のある人はなかなか見つからない。

今までの夜間医療のあり方を変えていくことが、これからの獣医療の成長につながると考えていた藤井は、あきらめることなく仲間を探し続けた。

「動物にも飼い主に対しても無責任なんじゃないのか」

自分の患者は自分で診るという考え方が獣医療の世界では常識で、藤井の考えはなかなか受け入れられなかった。

「獣医師の診察ができない時間帯をカバーする動物病院を作って、かかりつけの動物病院へうまくバトンタッチできる仕組みを作りましょう」

面識のない獣医師にもこう声をかけたが、実を結ばないまま半年が過ぎていった。

「あいつはみんなの患者を奪って、金もうけをしようとしている」

そんな噂までもが立ち始めていた。

そうこうするうちに、2002年、新しい年が幕を開けた。市内の獣医師が集まって新年の賀詞交歓会が開かれた。

藤井は集まっていた多くの獣医師の中に、口ひげを生やし穏やかに談笑しているひとりの男の姿を見つけた。藤井よりも6歳年上の獣医師、鈴木哲也だった。横浜市都筑区で「すずき動物病院」を開業している鈴木は、犬猫の小動物のほかにカメやトカゲなどといった爬虫類にも詳しいことで有名だった。藤井は鈴木に近づいていった。

「鈴木先生、ちょっと話を聞いてもらえませんか」

鈴木は藤井が、夜間専門の動物病院設立に向けた人集めに苦労していることを噂で聞いていた。鈴木は大学の後輩でもある藤井が熱く語る話にじっと耳を傾けた。

「自分の利益のために作ろうなんて気持ちは全然ありません。動物たちのため、飼い主さんたちのため、それに獣医療に関係しているすべての人のために作るんです。これを成し遂げるには、ひとりの力ではできません。鈴木先生、力を貸してもらえませんか。これからの社会に夜間動物病院は絶対に必要です。誰かがやらなければいけない。それを私たちが力を合わせてやりましょう。私たちは獣医療の世界で育ててもらって、今では一人前の獣医師として生活していますよね。そのことに感謝しなければいけないんじゃないでしょうか。今度は獣医療の世界に、私たちが恩返しをしていく番です」

真剣なまなざしで熱っぽく語る藤井に、この人ならば実現させることができるかもしれないと鈴木は直感した。

「藤井先生、私でよかったら力になりましょう」

鈴木の口から自然とこんな言葉が出た。

「ありがとうございます。一緒に夜間動物病院を実現させましょう」

ふたりは固く握手を交わした。

鈴木は、夜間動物病院に対して特別な思いを持っていた。話は10年前にさかのぼる。

当時横浜市では、「動物愛護センターを設立しよう」という計画が持ち上がった。動物愛護センターというのは、人と動物がともに快適に暮らせる環境を作るための施設だった。飼い主のマナー講座やペットのしつけ教室など適正飼育の啓発を行う拠点となり、さらに保護動物を殺処分せずに動物関係団体や市民ボランティアなどと協力して新たな飼い主に譲渡していく、市民の自主的な活動を支援する交流の場にしようとしていた。

横浜市獣医師会でもこれにどのようにかかわれるかを考える検討委員会を立ち上げ、鈴木も加わった。獣医師たちが活発な議論を交わす中、こんな意見が出された。

「愛護センター内に夜間専門の救急病院を作って、獣医師会でそれを運営していくことはできないだろうか」

夜間専門の動物病院の必要性を感じている獣医師は少なくなかった。しかし病院を作るとなると、まずはその場所が必要となる。そこで動物愛護センターの一部を使わせてもらって、夜間動物病院を設立することができるのではないかという発想だった。

実現に向けた話し合いが重ねられた。しかし獣医師間でも夜間診療に関してさまざまな考え方があり、また行政と連携した事業では多くの人がかかわっているために意見をまとめるのは難しかった。

「夜間診療施設を作ることは理想だけれど、実現させることは難しい」

検討委員たちはあきらめざるを得ず、その後再び議題に取り上げられることはなかった。

「動物愛護センターを作るのならば、絶対に夜間診療施設が欲しい」

そう考えていた鈴木だったが、検討委員会で中心的な役割を担っているわけでもなく、いちばん年下の自分にはどうしようもなかった。

「今は無理かもしれないけれど、世の中に必要とされている夜間専門の動物病院をいつの日か作りたい」

鈴木は今回の経験を糧にして、この夢をかなえたいと思い続けながら10年の歳月を過ごしていた。そんな鈴木の前に藤井が現れたのだ。情熱、強いリーダーシップ、雄弁さ。自分にないものを藤井は持っていた。自分の利益を求めず、社会に貢献したいという志にも強く引かれた。そして、困難を乗り越えて夜間動物病院を設立できるのは彼しかいないと確信した。

一方で、藤井だけで実現させることは難しいだろうとも思っていた。冷静に物事を判断して藤井をサポートする人間が必要で、それこそ自分の役割だと思った。情熱と冷静さがうまく噛み合えば、大きな力となるに違いない。

「藤井くんが誰かと衝突したら守ろう。突っ走ろうとしたときには僕が手綱を引こう」

設立の難しさを知る鈴木は、藤井とともに乗り越えていかなければならない多くの問題に思いを巡らせながらも、再び夢に向かって進むことへの喜びを感じていた。

第3章　仲間が集まる

藤井の挑戦に、鈴木のほかにも賛同する者が出てきた。２００２年12月、集まった8人で「夜間動物病院設立委員会」を立ち上げた。

その活動の拠点となったのは、横浜市都筑区にある「カフェプラザオークラ」。同じ２００２年に、ＦＩＦＡワールドカップ決勝が行われた横浜国際総合競技場から北東へ３㎞ほど行ったところにあるこのレストランは、地元の家族連れに人気の洋食屋だった。昼間の診療を終えた設立委員たちが、ここに毎月1日、11日、21日の夜9時に車でやってきた。

「オムライスとコーヒーをください」

「僕はビーフシチュー」

遅い夕飯を食べながら、閉店の午後11時30分まで話し合いは続いた。設立に向けて解決しなければならない大きな課題が３つあった。

ひとつ目は、病院を開業するための資金だった。委員たちが50万円ずつ出し合って４００万円の資金が集まったが、この額ではとうてい足りなかった。

「少なくともあと１０００万円は必要だぞ」

「どうやってそんな大金を集めるんだ」

「開業資金を協力してくれる仲間を募ろう」

委員たちは横浜市内で開業する獣医師1人ひとりに声をかけて、夜間動物病院設立のための出資を頼んだ。しかし思うように資金は集まらず、理想と現実の間で委員たちは頭を抱えた。それでも委員たちが粘り強く声をかけ続けると、その思いが人々の心に届き始めた。

多くの開業医たちは、増えていく夜間の救急患者への対応に悩んでいた。飼い主からの要望に対して、どう応えたらいいのか。今までのように獣医師が個々に対応していくやり方では、負担が大きく限度があった。しかしやらないわけにはいかない。

そんなときに自分ひとりではできないことを、みんなでやろうじゃないかと声をかけられた。社会から求められていることを体現していくのは、獣医師として働いている自分たちの責務だといわれて心が動いた。

夜間専門の動物病院を作るという話は夢物語のようでイメージがつかめなかったが、藤井たちと一緒に模索していこうという気概を持った獣医師たちが集まり始めた。半年後には46人の賛同者が集まり、設立委員と同じように各人が50万円を出資してくれた。開業資金は２７００万円になった。

２００３年10月、夜間動物病院設立に賛同した54人の獣医師で株式会社を立ち上げた。Ｄｅｄｉｃａｔｅｄ「献身的な」・Ｖｅｔｅｒｉｎａｒｙ「獣医師」・Ｍｅｍｂｅｒｓ「集団」という３つの英単語の文字を組み合わせて「ＤＶＭｓ（ディーブイエムズ）」と名づけた。藤井がこの会社の代表取締役に就き、設立委員たちは理事として藤井とともに病院の屋台骨を担った。

次に解決すべき課題は、動物病院を開業するための場所探しだった。開業場所を選ぶ際、夜間の病院では注意しなければならないことがあった。それは「音」だった。

診療時間は夜9時30分から翌朝5時までと考えていた。そのため病院に来た飼い主の声や車の音、動物の鳴き声が響くと、近隣の住民に迷惑をかけてしまう。ひどい場合には騒音問題に発展しかねない。夜間動物病院という前例のない借主に物件を紹介してくれる不動産業者は少なかった。たまに紹介された物件は広さや家賃がちょうどよくても、住宅街や商店街、マンションの1階の店舗など音の問題がクリアできなかった。

ところがある日、理事のひとりが朗報をもたらした。条件をクリアできそうな物件が見つかったという。その場所は、いつも話し合いをしているレストランから車で数分のところだった。

横浜市都筑区折本町にその物件はあった。3階建てのビルの2階部分で、1階は昼間営業の工具店、3階はプールバーだった。周囲に住宅はなく、工場に囲まれていた。一般の動物病院を開業するならマイナスな要因も、夜間動物病院では長所だった。

近くには第三京浜高速道路の港北ＩＣがあり、2階へ上がる入口のすぐ横には、車6台分の駐車スペースがあった。さらに夜間使われていない近隣の工場の駐車場を、スタッフの駐車場として使わせてもらうことも可能だった。駅からは離れた場所だったが、夜9時30分から翌朝5時までの診察時間では、駅に近い必要がなかった。

中に入ると、学校の教室2つ半ほどの広さ（約50坪）があった。通りに面した大きな窓ガラスからは、道路を行き交う車が見えた。

家賃も今まで見た物件に比べて安く、難点はエレベーターがないことだけだった。エレベーターがないと、大人の女性の体重ほどもある大型犬を、17段の廻り階段を担架に乗せて担ぎ上げなければならない。そこは病院のスタッフたちにがんばってもらおうと、この店舗で夜間動物病院をスタートさせることに決めた。

3つ目の課題は、病院で働くスタッフだった。

スタッフは毎晩、獣医師2名と動物看護師3名を常駐させたいと考えていた。年中無休で診療にあたるため、獣医師3名、動物看護師5名を雇って交代で勤務してもらうことにした。

「夜の仕事、しかも常に緊張を強いる職場は体を壊しやすい。だから健康で仕事を続けられるようにできるだけ週3日は休んでもらおう」

藤井たちはスタッフが健康を維持できるように配慮した。また即戦力を求めていたため、獣医師は3年以上の臨床経験のある人を条件とした。大学を卒業して獣医師の免許を取得しても、すぐに一人前の獣医師として働けるわけではない。新米獣医師は、3〜5年の間は研修医としてどこかの動物病院で臨床経験を積み、そこでやっと一人前と見られるのが一般的だった。

求人広告を獣医療の専門誌に載せたが反応はなかった。夜間専門の病院ということで敬遠されたようだった。そんな中、ひとりの若者から連絡が入った。30歳の田村達也だった。

神奈川県大和市出身の田村は、研修医の期間を大阪で過ごした。田村が大阪で研修医をしようと決めたのは、ある人物の下で修業を積みたいと熱望したからだった。その人物とは蓮岡元一。

町工場が並ぶ東大阪市にある「蓮岡動物病院」の院長だった。ざっくばらんな物言いで、抜群に腕がいいと評判の獣医師だった。気取らず人情に厚い大阪人気質で、飼い主と同じ目線で話をしてくれる庶民的なところも人気だった。

蓮岡には信条があった。それは、「くまなく診て、じっくりさわり、鋭く察する」こと。1件の診察が1時間を超えることは珍しくなかった。蓮岡は何よりも「触診」を大切にしていた。呼吸の仕方、歩き方、姿勢など、動物がいつもと異なる部分を見つけられるように心がけた。たとえ診察に時間がかかったとしても、それがものいわぬ動物の診察をする上で最も重要なことだった。

関東から新幹線でやってくる人もいるほど人気の動物病院で、朝の6時には整理券待ちの飼い主が並んでいることもしばしばだった。診察開始の9時30分には、もう待合室が飼い主と動物であふれていた。日中にやってくる患者は途切れず、入院している動物たちも多かった。診察が終わるのはいつも深夜になった。

勤務は朝からと午後5時からの2交代制だったが、新人の田村には関係がなかった。仕事を終え朝4時に病院から徒歩1分のアパートへ帰宅する日々。へとへとに疲れきってベッドに倒れ込んだが、朝9時30分になると電話が鳴った。

「何をやっている。診察は始まっているぞ」

田村は動物病院とアパートを往復するだけの日々を3年間過ごした。大学卒業後にどの動物病院で研修医をしたかということは、その後の獣医師人生に大きな影響を及ぼす。さまざまなことを吸収していく研修医の期間に、獣医師としての礎を築くのだ。獣医界には「師系」ともいうべき流れがある。音楽や美術の世界で弟子が師匠の影響を大きく受けるように、獣医師もまた初めての臨床現場で教えを乞う院長から大きな影響を受ける。田村は蓮岡のもとで診察技術を学ぶだけではなく、獣医師としての大切な多くの心構えも学んでいった。

「医療的には手を尽くしても、まだ何かできることはないかを考える」

動物を診るだけが獣医師の仕事ではなく、飼い主ともじっくり話をして、飼い主の気持ちを尊重しながら治療をすることの大切さ。わが子のように動物を思う飼い主の気持ちに寄り添う。獣医師としての基礎をたたき込まれた田村は、濃密な3年間を過ごして神奈川県大和市へと戻った。

蓮岡は神奈川に戻る田村にある人物を紹介した。

「まずは宮田先生のところにあいさつに行きなさい」

蓮岡の師匠にあたる宮田勝重だった。東京都葛飾区で開業している宮田は「ドクター猫ひげ」のペンネームを持ち、テレビや講演でも活躍する獣医師だった。田村はさっそく、蓮岡から聞いていた宮田の好物の蕎麦を手土産に訪ねた。

「蓮岡先生のところで3年間がんばってきました」

「それで、これからどうする」

「3年間の疲れが溜まっているので、少しゆっくりしてから考えます」

藤井とともに横浜夜間動物病院の設立に奮闘した獣医師の鈴木。雑用から輪番まで何でもこなし、運営を支えた。

「そうか。それなら神奈川に帰ってきたのだから、ここへあいさつに行くといい」

そう言って宮田は、自分の弟子にあたる獣医師を紹介してくれた。それが、田村の地元の大和市で「つきみ野松崎動物病院」の院長をしていた松崎正実だった。松崎は獣医師会の支部長の仕事が忙しく、自分の病院をまかせられる人間をちょうど探していた。すぐに田村が勤務獣医師として働くことになった。田村は休日や夜にはガソリンスタンドでアルバイトをしながら、数年後の開業に向け資金を貯めることにした。

そんな生活が1年ほど過ぎたころ、獣医学専門誌の巻末に載っていた求人広告に目をとめた。

「夜間動物病院開業のための新規獣医師募集」

自分の腕に自信があった田村。どこかで力を試したいと思っていたため、すぐに書かれていた連絡先に電話した。

後日、指定された面接場所に出向くと、ふたりの男が待っていた。そのうちのひとりが、人の良さそうな笑顔を浮かべて声をかけてきた。

「やあ、君が田村くんかな」

鈴木だった。一緒にビルの階段を上がって2階の部屋に入ると、中はガランとしていてパイプ椅子のほかには何もなかった。配線がむき出しの天井、破れた壁紙、汚れた床。鈴木に差し出されたパイプ椅子に座り、採用に向けた面接が始まった。

鈴木は質問に受け答えをする田村から決断力、動物たちを助けたいという強い意志、そして大阪の地で精神力と診療技術を鍛えてきたという自負を感じた。自信過剰なとんがった雰囲気もあったが、それは若さゆえのことで頼もしいものだと好意的に受け取った。

「3カ月後、ここは動物病院になっているんですよ」

鈴木の言葉に、田村はあ然とした。（この状態で3カ月後に開業できるのか。それよりもこんなところに患者は来るのか……）。不安になっていく田村とは対照的に、鈴木ともうひとりの理事は楽しそうに言葉を続けた。

「これからみんなで手分けして、内装を仕上げます」

「医療機器は、それぞれの病院で使っている中古のものを持ち寄るんです」

「ここが動物たちの命を救う最前線になって、その病院を君たちが作っていくことになります」

何もないゼロからの出発。その開業スタッフのひとりとして、自分の働きが大きな意味を持つ。不安もあったが、話を聞いているうちに田村の好奇心に火がついた。（よし、ひとつやってやろうじゃないか！）

田村の採用は決まったものの、獣医師ひとりでは開業できない。午前中の診察を終えた藤井は、机に肘をついて頭を抱えていた。精力的に動き回っている藤井の表情にも、疲労と焦りの色が見えていた。

「困ったなあ、誰かやってくれる人はいないか」

ボソッとつぶやいた藤井のひとり言を、耳にしていた若者がいた。藤井動物病院の勤務獣医師・葉山 俊だった。

葉山は1977年生まれの26歳。大学卒業後、すぐに藤井動物病院で研修医として働いていた。獣医師としてのスタートに藤井動物病院を選んだのは、田村と同じように厳しい環境に身を置いて、臨床の基本をしっかりと学びたいと思ったからだ。藤井動物病院のある妙蓮寺で生まれ育った葉山にとって、ここは名門の動物病院として有名だった。

最新の技術と設備を用い、治療に対する考え方は飼い主と動物の立場に寄り添う。積極的に勉強しようという雰囲気があり、院長だけでなく勤務獣医師たちも海外の学会や研修へ出かけ、その費用は病院が出してくれた。

7人いる勤務獣医師が、動物病院では珍しいチーム医療の体制をとっていた。患者に手術や入院が必要な場合、担当医が綿密な治療計画を立てる。注射の回数、検査の内容と頻度、点滴の量に至るまで細かく決め、その計画書を院長の藤井に提出した。新米獣医師の葉山も患者を担当するようになると、同じように治療計画を立てて藤井に提出した。

「何だこれは、作り直せ」

そういわれた葉山は、獣医学書を読みあさって何度も書き直す中で獣医療の知識を豊かにしていった。新人時代の葉山に遊ぶ時間はなかった。とにかく「学ぶ」ことが重要だと、臨床の現場を通して痛感させられた。知識不足では正確な診断ができずに患者の命を失わせることにもなってしまう。命を預かる重責。

藤井から教えられることは、治療の技術だけではなく精神面のことも多かった。病院内の電球が切れかかってチカチカしていると、葉山は藤井にたしなめられた。

「何で葉山くんは気づかない。臨床という仕事は通常と違うところを見つけるんだ。だから日常生活でも、いつもと違うところに注意していかないといけない。これができないと獣医療の臨床でも成長できないぞ。葉山くんは本気で臨床に取り組もうとする意識が足りないよ」

24時間仕事のことを考え続ける人間はほとんどいない。仕事が終わったら、遊ぼうとか酒を飲もうとか思うのが普通だ。しかし藤井は違った。夜間に急な手術がいつ入っても大丈夫なように、酒は飲まないようにしていた。旅行などの遠出も、救急の患者に備えてほとんどしなかった。休日にインテリアのお店に出かけても、頭の中は獣医療のことでいっぱいだった。(この木製のソファは犬がかじっても大丈夫だから、待合室で使えるな)。そういう意識で毎日を過ごしている藤井の口癖は「獣医師はいつも真摯でないといけない」だった。命を預かる責任の重さを、いつも勤務獣医師たちに諭していた。

藤井は若い葉山の能力を認め、大きな期待を寄せていた。夜間動物病院のスタッフとして働いてほしかったが、将来を院長の自分が縛ってしまうわけにはいかないと考え、あえて声をかけることはしなかった。

一方の葉山は研修医としての3年を終え、さらに飛躍するために救急医療の現場でいろいろな経験を積んでみたかった。でも院長から声がかからないのは、自分の力が足りないからだと考えていた。

そんなときに葉山はたまたま藤井のひとり言を聞き、すぐに自分の思いを藤井に伝えた。ここでふたりの思いが交わり、藤井の愛弟子、葉山の採用はすぐに決まった。

さらに、横浜夜間動物病院に大きな影響を与えた動物看護師がいた。名前は辻 昌子。

「夜間動物病院の第一の功労者が藤井くんなら、第二の功労者は辻さんだね。辻さんはここの獣医師と動物看護師を見事にまとめていた」

これは、理事の鈴木が、辻を評して語った言葉だ。

辻は子どものころから動物が大好きだった。しかし横浜市鶴見区にあった辻の家では、両親に動物を飼うことを許してもらえなかった。ダメといわれればいわれるほど、動物に接したい気持ちは強くなっていった。小学校の帰り道には、通学路にあった犬小屋の前で暗くなるまで寄り道をしていた。

その後も動物好きは変わらず、高校卒業後は東京都目黒区にある動物の専門学校に進学して動物看護師とトリマーの勉強に励んだ。卒業後は東京都内の動物病院に就職。病院にやってくる動物たちは、辻にとてもよくなついた。辻は、来院した動物の名前はもちろん、性格や好み、飼い主の家族構成までも覚えるようにした。常に飼い主の気持ちになって考えることを心がけ、ペットを亡くした飼い主がいれば寄り添い、つらい心を少しでも癒せるように努めた。獣医師が動物の病気を治すように、辻は飼い主の心をケアした。細かな配慮のできる辻は、飼い主からも獣医師からも厚い信頼を得た。子どものころからの夢だった、「動物とともにいる日々」は充実していた。

9年後、29歳になった辻は、横浜にできる夜間動物病院が開業スタッフを探していることを知った。

「夜間専門の病院というのは、いったいどんなことをやるのかしら」

夜間診療のみを行っている動物病院など聞いたことがなかった。しかも開業スタッフならば、自分たちが最初から作っていくことができる。好奇心旺盛な辻は、自分を成長させるためにも新たな世界へ飛び込んでみようと思い立った。

開業予定日の3週間前、新規スタッフ8人全員が顔をそろえた。(よくこんなにいいメンバーが集まってくれた)。採用面接をした鈴木は、若者たちに心の中で感謝した。田村、葉山、辻など集まった若いスタッフは、さっそく準備に取りかかった。

「医療器具を洗うのに洗剤とスポンジが必要だぞ」

「受付ではボールペンとセロハンテープを使うわ」

今までそれぞれが働いていた病院の様子を思い出して、開業に必要なものを書き出していった。備品を準備するために渡されたお金はわずかだったため、ホームセンターや100円ショップ

開院当初の外観。通りに面したビルの2階が出発点となった。

横浜夜間動物病院設立時のスタッフ。中央が獣医師の葉山、その右隣が動物看護師の辻、右から2人目が獣医師の田村。

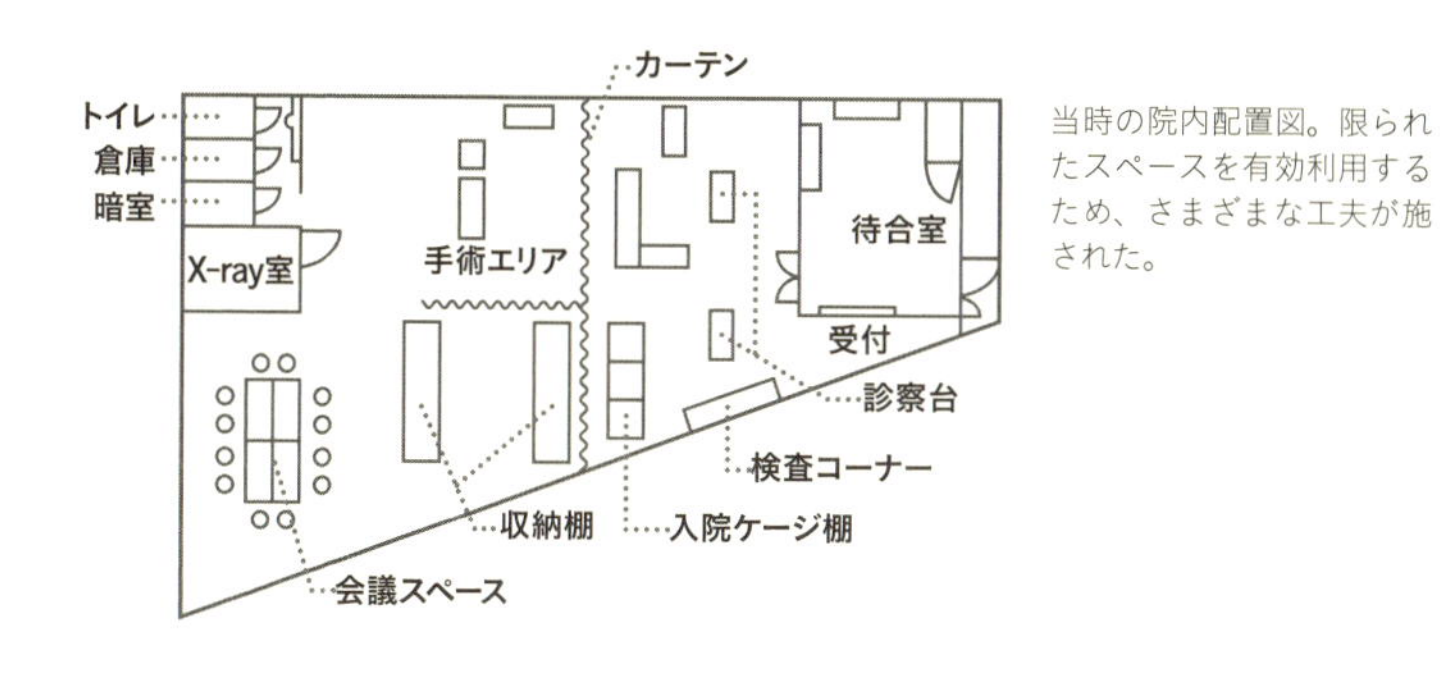

当時の院内配置図。限られたスペースを有効利用するため、さまざまな工夫が施された。

に行って少しでも安い品物を探して節約に努めた。

藤井や理事たちも、昼間の診察の空き時間にやってきて準備を手伝い、開業を知らせる手作りのチラシを市内の動物病院に配布して回った。さらに日ごろ手にしている聴診器や注射器をカナヅチやノコギリに持ち替えて、慣れない手つきで作業に励んだ。夜間の病院のため、防犯カメラを設置することになったが、中古のものを探してきて、自分たちで天井裏に潜って服をほこりまみれにして配線した。

2700万円の開業資金があれば、1000万円を設備投資にあて、残りを運転資金にすることができる。専門の業者に頼んで内装を仕上げてもらうこともできたのに、藤井や理事たちはそれをしなかった。

「出資してもらったお金は、1円たりとも無駄にはできない。だから、できることはすべて自分たちの力でやろう」

何とか内装が整うと、医療機器が次々に運ばれてきた。血球計算機とX線撮影機だけは購入して、診察台やエコー(超音波検査装置)など診療に必要なもののほか、犬舎などの備品はすべて藤井や理事たち、賛同した獣医師たちが自分の病院で使っているものを寄付した。待合室と診療室を区切る壁とX線撮影室を囲む壁だけは業者に頼み、あとは天井からカーテンをつるして部屋を区切った。

コストをできるだけ節約したこの部屋のしつらえは、現場のスタッフたちに思わぬ恩恵をもたらしてくれた。救急病院という特性上、スタッフ間の意思疎通はとくに重要だ。壁を作らなかったことで、スタッフたちはコミュニケーションを取りやすく、互いの動きを把握しやすかった。この方法で診察室がふたつ、手術室がひとつ、会議室がひとつ作られた。ガランとして何もなかった部屋が、次第に病院らしくなった。自分たちで作り上げたという充実感が藤井や理事たち、そしてここで働くスタッフの心を満たした。

必要な医療設備はひと通りそろったものの、中古のものばかり。

「これでやっていくのか……」

藤井動物病院の充実した設備に慣れていた葉山だけは、少し当惑していた。

夜間救急の先駆けとなる動物病院が、なぜ横浜に誕生したのか。それは、社会の変化が大きくかかわっている。1990年代後半、社会生活の中でストレスを感じていた人々がペットを飼うことで癒しを求めるようになり、やがて空前の「ペットブーム」が起きた。

2000年には、横浜市内で飼われていた犬の登録頭数は11万6000頭。その2年後には1万頭増え、以後も年々伸び続けていく。

また、ペットブームは住宅事情にも変化を及ぼした。2000年に神奈川県内で販売されたマンションのうち、ペット飼育可能なマンションはわずか7%に過ぎなかった。それが2年後には30%を超え、2003年には半数のマンションが「ペット飼育可」になる。

人気の犬種はゴールデン・レトリーバーなどの大型犬から、集合住宅でも飼えるミニチュア・ダックスフンドやチワワなどの小型犬へと変化していく。

さらに横浜市では、全世帯数の3割にあたる約40万世帯がひとり暮らし。飼い主がひとり暮らしの場合、仕事を終えて帰宅した夜にペットの異変に気づくことが多い。そのため、夜に駆け込むことのできる動物病院を飼い主たちは望んだのだ。

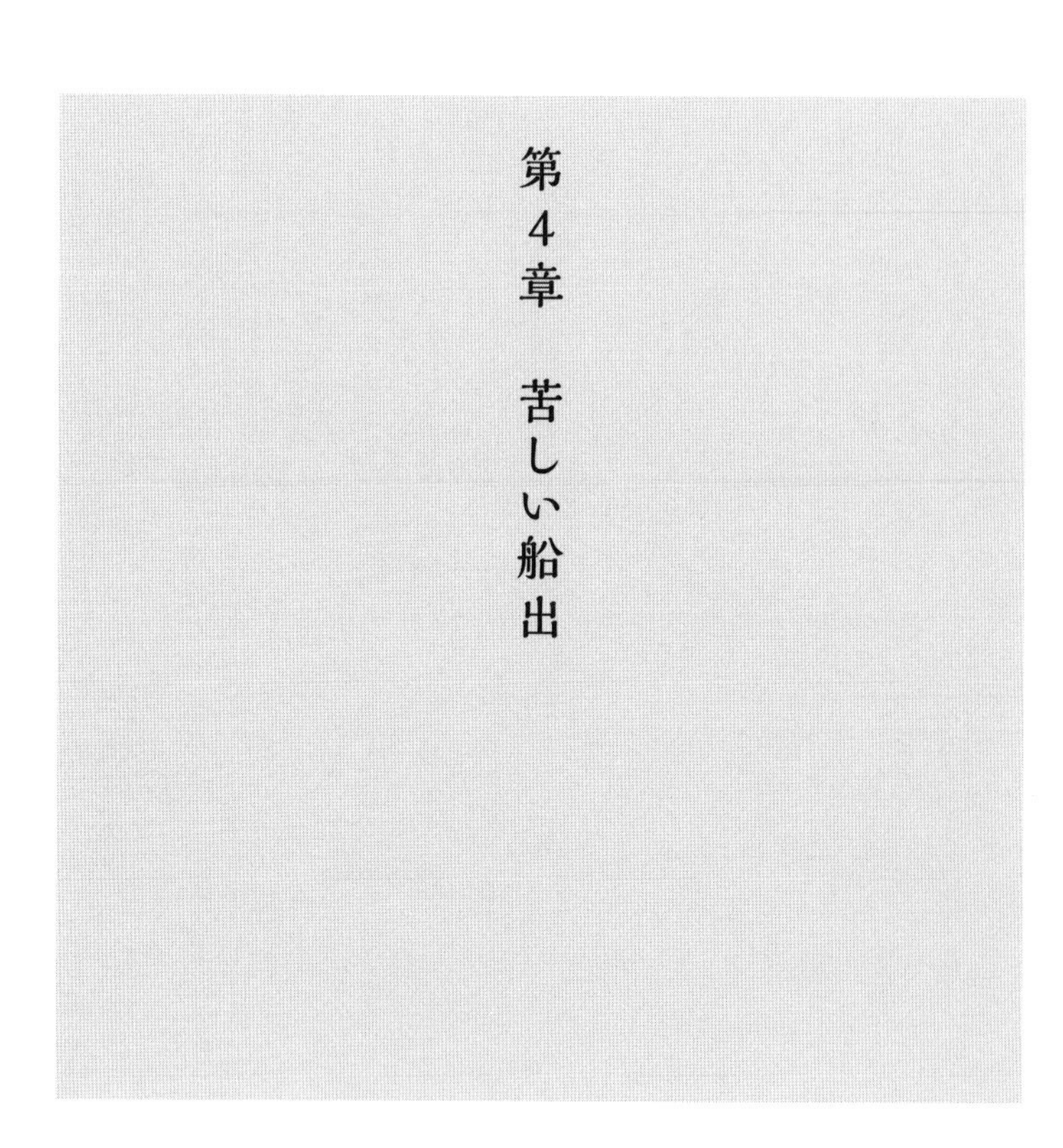

第4章　苦しい船出

2004年1月、設立委員会が発足してからわずか1年ほどで動物病院は開業の夜を迎えた。（横浜の獣医師たちがまとまれば、すごい力を発揮するんだなあ）。設立までに少なくとも3年はかかると予想していた鈴木は、感心しながら診察室を見回した。

「今日は患者が来るかなあ」

「いくら何でも初日から来ることはないでしょう」

「開業したことを知っている飼い主は、まだほとんどいないだろうからね」

「暇なうちに、どこに何があるのか慣れておくといいぞ」

設立に賛同した獣医師たちもやってきて、病院の中は新しいことを始める高揚感と人いきれであふれかえっていた。あちこちにできた人の輪からは笑い声がし、救急病院とは思えない和やかな雰囲気に包まれていた。

すると突然、乾いた電話のベルの音が部屋中に響いた。笑い声の聞こえていた部屋は、一瞬にして静まり返った。難産に苦しむ犬の飼い主からだった。すぐに来院してもらい帝王切開手術を行った。この日はもう1件、手術の必要な患者が運ばれてきた。

「まさか初日から2件の手術が入るなんて思わなかったな……」

夜間動物病院の必要性を、そこにいた誰もが確信することになった初日の夜だった。

藤井は、この病院の存在を多くの人に知ってもらう必要があると考えた。しかし広告宣伝をするための費用はない。そこで藤井はお金をかけずにこの病院のことを知らせるために、新聞社やテレビ局に手紙を書いた。すると、この動物病院の誕生をニュースにしたいと取材の申し込みが相次いだ。

最初に取材に訪れたのは神奈川新聞だった。2004年3月29日の朝刊には、〈〝家族〟の急病もう大丈夫〉という見出しの記事が社会面に大きく掲載された。横浜市内54人の獣医師たちが資金と医療機器を持ち寄り、年中無休の夜間専門の動物病院を開業したことを伝えるものだった。〈飼い主に大きな安心を与えるだけでなく、人手不足などから、なかなか夜間診療に対応できない動物病院からも「安心して飼い主に紹介できる」と期待を集めている〉と、人々の関心の高さがうかがえる内容にまとめられていた。

地元紙をはじめ各メディアが取り上げてくれたことで、夜間専門の動物病院の存在は少しずつ世間に知られるようになっていった。

藤井は飼い主のため、動物のため、そして獣医療に就く者のために新しい常識を作っていかなければならないと考えて、夜間動物病院の設立を目指した。この病院は、必ず社会に必要なものだという強い信念が人々を引き込み、横浜の獣医療に新たな潮流を生み出した。藤井の夢は、自分ひとりのものから多くの獣医師たちの共通のものとなっていた。

「この病院のために何かできることはないだろうか」

賛同した獣医師たちは、50万円の出資のほかにさらなる協力を申し出てくれた。経験豊かな開業医である彼らに、藤井は「輪番」をお願いすることにした。

輪番には毎晩交代で、この病院で働く若いスタッフへ治療のアドバイスをすることを頼んだ。診察開始の夜9時30分から深夜3時ごろまで、診療室の横に控えて助言をする。輪番の仕事に給料はなかったが、それでもみんなが率先して引き受けてくれた。

問診、触診、聴診からどんな病気が考えられるのか、若い獣医師たちは難しいパズルを解くように原因を探っていく。難しい判断に迫られたときには、診察や検査結果から導いた治療法で合っているか、薬や点滴の量はこれでいいのかなど、輪番の獣医師に自分の考えを確認した。

輪番は診察室を囲む薄いカーテンの向こう側に座って、診察の様子に耳を傾けた。助言をするだけで、できる限り診療には加わらないよう藤井が依頼していたのだ。治療を手伝ったり、すぐに答えを教えるほうが簡単なのに、なぜ藤井は輪番に面倒な手間をお願いしていたのか。それは、若い獣医師を育てることこそ、獣医界の成長と発展につながると考えていたからだった。

「彼らにないのは経験。手を出してしまうと進歩はない。責任を持って自分の手で治療することで、自信と経験を養わせよう」

患者のいないとき、輪番は臨床経験を通して得た知識を語った。それぞれの獣医師が獣医学書には書かれていない治療の技を持っていた。普通ならば出会うこともなければ、教えてもらうこともない先輩獣医師たちの豊富な経験と知識。それも54人分だ。日替わりで来てくれる輪番と獣医療について語り合い、スタッフたちは濃密な夜を過ごしていた。

2月、外はしんしんと冷え込んでいた。夜の10時を過ぎたころ、夜間動物病院にポメラニアン（8歳／メス）がやってきた。ドイツ原産のポメラニアンは、小さな耳と体を覆うふさふさした毛、クルッと巻いた尾が特徴的な体重3kgほどの小型犬だ。室内で飼いやすく、また明るく愛情深い気質で人気の犬種だった。

このポメラニアンは、昼間にかかりつけの病院で「子宮蓄膿症（ちくのう）」と診断されていた。これは、避妊手術をしていないメス犬によく見られ、子宮に膿が溜まってしまい、治療が遅れると命取りにもなる病気だ。翌日手術をする予定だったが、容体が急変したという。

ぐったりとしているポメラニアンの血液を調べると、細菌感染が確認された。そのほかに、エネルギーの源になる糖分が不足してしまう「低血糖症」に陥っていることもわかった。すぐに手術ができる状態ではなかったため、急いで点滴をして朝まで容体を見守ることにした。

ところが飼い主が帰ってからしばらくすると、急に体から力が抜けて意識がなくなった。麻酔をかけられたかのように虚脱しているのだ。聴診器から聞こえる心音はとても弱く、呼吸が停止するのも時間の問題だった。明らかに命の灯が消えかかっていた。（この子もここまでだったか。すぐに飼い主さんを呼べば、最期のお別れには間に合うかもしれない）。葉山がそう考えていると、その日の輪番が驚くことを言った。

「可能性は低いが、手術をすれば助かるかもしれない」

葉山は思わず聞き返してしまった。

「ここから麻酔を入れるんですか。ほとんど死にかけているんですよ?」

意識のない、心音の弱まっている患者に麻酔をかけることで、死を早めることもある。しかし何もやらなければ、このまま死んでしまう。(マジですか、絶対無理ですよ……)。葉山は心の中で言葉を吐きながら手術を始めた。輪番は麻酔や呼吸の状況をチェックしながら、手術の様子をじっと見守った。

30分ほどで手術は終わった。あとは意識が戻るかどうかが問題だった。祈るような気持ちで麻酔を切り、人工呼吸器を外した。するとポメラニアンは力強く自発呼吸を始めた。手術は成功だった。半ばあきらめていた葉山は、自力で呼吸を始めたポメラニアンの生命力に驚いた。

「葉山くん、よくやったじゃないか」

輪番にほめられた葉山だったが、とにかく正確に早く摘出しなければと必死で、どう手術をしたのか覚えていなかった。子宮の片方がねじれている、非常に珍しいケースの子宮蓄膿症だった。そのねじれによって、血流が止まって虚脱していたのだ。(動物の生きる力には計り知れないものがあるから、あきらめてはいけないんだな)。葉山は大切なことを学んだ。

命にかかわる急患が複数運び込まれてくる日もあれば、患者がほとんど来ない日もある中で、病院は開業して1年が過ぎた。

多くの仲間たちが協力して立ち上げた横浜夜間動物病院。何かを新しく始めることはできても、それを継続させていくことは難しい。しかもただ継続させるだけでは成功したとはいえない。この病院を地域に根づかせ、人々に安らぎを与えられるようになって初めて成果を出したことになる。（本当に大変なのはこれからだ）。藤井はこの病院が軌道に乗るまで、どんな困難にも立ち向かっていこうと決意を新たにしていた。

藤井と理事たちは10日ごとに理事会を開き、この病院の運営について話し合った。理事会は診察室の奥の、カーテンで仕切られたスペースで行われた。

設立に向けた会議は、レストランが閉店する夜11時30分までしかできなかったが、今は閉店時間を気にする必要がないため、夜の9時に集まった理事たちは深夜の3時過ぎまで話し合いを続けた。藤井や理事たちに報酬は一切なかった。それでも地域の獣医療をもっとよくしたいという純粋な思いが、彼らを動かしていた。

藤井は年間60日ほどここで働いた。昼間の仕事を終えて午後9時から理事会。輪番の日もあった。仕事を終えて午前4時ごろに自分の病院に戻ると、入院している患者を回診した。それを終えると、午前9時からの診察に向けてベッドに潜り込み、3時間ほど眠った。ほかの理事たちも藤井と同様に、自分の病院の業務と両立させながら続けていた。

ある日理事のひとりが、病院の経営状態について報告をした。手元の資料を見ている理事たちの顔色はさえなかった。昼間よりも割高な診療費を設定しても、この病院の赤字は続いていた。人に対して診療しているわけではないため、医療法人にはなれない。公益性が高くても、補助金はない。獣医療は医療費や保険制度が確立していないため、明確な診療費というものが定められていない。それぞれの動物病院が診療費を設定している。

昼間の動物病院の初診料は1000円程度だが、この病院は8000円だった。初診料、検査代、治療代を合わせて診療費は平均3万円ほどかかった。

診療費を高いと感じる飼い主は少なからずいた。しかし夜間に獣医師2名、動物看護師3名を常駐させるには、この金額に設定しなければやっていけなかった。理事や輪番の獣医師がボランティアで協力しても、赤字はなかなか解消しなかった。

どんなにすばらしい病院を作り上げても、つぶれてしまっては意味がない。理事たちは改善策を話し合った。経費はスタッフの人件費が最も大きな割合を占めていた。

「常駐する獣医師を1名、動物看護師を1名にしたらどうか」

しかしこの意見に対して、藤井は強く反対した。

「スタッフの人数が足りないために、救えるはずの命を失うことがあってはならない」

救急病院をしっかりと機能させるには、スタッフを十分にそろえておくことが重要だというのが藤井の考えだった。生死の境にいる急患が、2頭同時に来ることも考えられる。その時に獣医師がひとりしかいなかったら、どちらかの命を見捨てることになってしまう。

理事たちは藤井の意見を受け入れて今までの体制で診療にあたることにした。しかし事態が急に好転するとは考えられなかった。

「もしこの病院がダメになったら、自分が誘って出資をしてくれた人たちには謝って50万円ずつ自腹で返そう」

鈴木はそう考えながら、経営を何とか軌道に乗せられないかと思案していた。鈴木は理事や輪番のほかに、この病院に薬品を届ける仕事も受け持った。昼間の動物病院ならば、製薬会社の人間が薬品を届けてくれる。しかし、夜間のこの病院へ届けてくれる製薬会社はない。

鈴木は夜間動物病院のスタッフから送られてきたファックス通りに製薬会社に発注して、届いた薬品を車で運んだ。夜間の動物病院では点滴などの液体薬品を多く使うため、重い段ボールを抱えて階段を上がるはめになった。（自分の病院ならここまでやらないな）。面倒でまったくお金にならない仕事を自主的に引き受けていたのは、ここにみんなの思いが詰まっていたからだった。

ある晩、鈴木は輪番の仕事を終えて家に帰った。風呂に入り朝からの診察のためにひと眠りしようと午前3時に布団に入った。50歳に近い年齢になると、さすがに深夜まで起きているのは体にこたえた。疲れでほどなく眠りに落ちていった。と、しばらくして電話の音で起こされた。鈴木は寝ぼけた頭で受話器を取った。

「田村です、すみません。今、胃捻転の大型犬が運び込まれてきたんです。治療に使うためのちょうどいい太さの胃チューブがなくて。先生の病院にあったら持ってきてもらえませんか」

「わかった。あるからすぐ行く」

胃捻転（胃拡張・胃捻転症候群）は治療が遅れるとショック状態に陥り、命にかかわる。鈴木の自宅兼動物病院から横浜夜間動物病院までは車で10分ほど。頭に寝癖をつけた鈴木は、胃チューブを持って病院の階段を駆け上がった。

「ありがとうございます、これで何とか助けられます」

鈴木は処置を見届けると、「大丈夫そうだね」と自宅へと帰った。後日田村は、獣医師仲間から半ばあきれてこういわれた。

「驚くよ、田村先生には。真夜中に大先輩の鈴木先生を起こして、胃チューブを持ってこさせちゃうんだからな」

田村が無茶なお願いをしたのも、鈴木が嫌な顔ひとつせずに胃チューブを届けたのも、動物を助けたいという共通の強い思いからだった。


この動物病院に来る飼い主は、基本的に初めて会う人ばかりだ。意識のないペットの横で動揺している初対面の飼い主から、治療に必要な情報を聞き出すこともある。手術が必要なら同意してもらわなければならない。かかる費用を説明して了承してもらえなければ、スタッフは何もできない。いちばん大変だったことは、飼い主との信頼関係を築くことだった。大切なペットの命を預かるため、昼の動物病院以上に飼い主に対する気づかいが求められた。

「初めて来る飼い主に信頼され、安心させるためには言葉づかいと身だしなみが大切だ」

藤井はスタッフに、こう繰り返し説いた。飼い主との信頼関係が築けていないために、クレームが寄せられることもあった。

「訴えられるのを怖がっていては何もできないぞ。責任はすべて俺たちが持つ。だから自信を持って最善だと思った治療をしなさい」

藤井や理事たちは若いスタッフを励まし、クレームの対応をすべて引き受けた。さらに財務など病院の運営は自分たちが担って、スタッフには現場で獣医療だけに没頭できるような環境を整えた。

10日ごとの理事会終了後には、引き続き「症例検討会」が行われた。症例検討会とは、直近の10日間に来院した患者に対して行った治療が、適切であったかをひとつずつ検証するものだった。動物病院によって治療のやり方や考え方には若干の違いがあるため、理事たちは最善の治療を模索しようと白熱した議論を続けた。

生きるか死ぬかという瀬戸際の動物を前に、マニュアルにはない診療をしなければならないことが多くあった。結果として、助けられることもあれば、できないこともある。助けられなかったときには何がダメだったのか。設備なのか、獣医師の処置の仕方だったのか……。症例検討会では、原因を特定して問題点を洗い出し、次に生かせるように熱心な話し合いが行われた。こうした積み重ねが、夜間動物病院を成長させていく源になっていた。

この検討会には、治療にあたった若い獣医師たちが呼ばれた。治療や飼い主への対応について叱責されることもしばしばあった。その厳しい言葉の裏には、優れた獣医師に成長してほしいという理事たちの切なる思いが込められていた。

ある晩、お腹の左側がプックリと膨れたゴールデン・レトリーバー（10歳／オス）がやってきた。大型の老犬はダラダラと大量のよだれを流してもだえていた。検査から胃拡張・胃捻転症候群になっていることがわかった。

この病気は一般的に胃捻転と呼ばれ、レトリーバーやスタンダード・プードルなどの胸の深い大型犬がかかりやすかった。食事を食べた後、1時間ほどするとあめ玉の包み紙のように胃がよじれて、胃の出入り口がふさがってしまう病気だ。病気が引き起こされる原因はまだ解明されていなかったが、わかっているのは、なぜか夜中に多く起こるということだった。翌朝まで何も治療をしないでいると血液の流れがさえぎられ、ショック状態になり死に至ってしまう。だから、この症状で夜間動物病院に運ばれてくる大型犬は多かった。

田村と輪番の獣医師は応急処置として胃に溜まったガスを抜き、点滴をして様子を見た。やがて容体は安定した。

「かかりつけの病院へ行って、朝一番で手術をしてもらってください」

田村はそう飼い主に告げ、老犬を帰した。後日、症例検討会でこのことを聞いた藤井は、その治療に納得ができなかった。

「応急処置だけして帰すなんて、救急病院として不適切だ」

強い口調で述べた藤井に対して、鈴木は異を唱えた。

「手術をするならその動物のことをいちばんよく知っている、かかりつけの動物病院にまかせたほうがいいでしょう。命をつなぎとめて状態を安定させて、あとはバトンタッチをするのが僕らの役割です」

患者にとってどうすることがいいのか、治療方針の根幹となるだけに議論は白熱した。緊急の際に手術をするべきか、それとも応急処置だけにして、かかりつけの動物病院にまかせるべきか。意識が混迷して命の危険にさらされている動物に手術をすると、かえって死期を早めてしまう場合もある。しかし応急処置だけでは、根本的な治療ではないため、かかりつけの病院へ行く前に亡くなる可能性もある。

現場の獣医師は、常に葛藤している。その上、自分の治療に対してベテランの同業者（かかりつけ医）から翌日に厳しくチェックされる。そのことにプレッシャーを感じて、無理をしない治療へと流れてしまいそうになる。方針が定まっていないと、アドバイスをする輪番によっても治療が変わってしまう。藤井は夜間動物病院の存在意義を説いた。

「ここは救命の最前線だ。応急処置では治したことにはならない。大切なのは目の前にある命を救うことだ。手術が根本的な治療となるなら、動物たちのために全力を尽くそう」

この藤井の意見にみなが賛同し、この病院の治療の方向が定まった。しかし手術をしたからといって、動物たちの治療が完結したわけではない。手術をしたからこそ、かかりつけ医との連携はより大切になってくる。夜間病院では入院させることはできなかった。診察は朝5時までだったので、昼間は病院が無人になってしまうからだ。重症患者の場合はスタッフがかかりつけの動物病院が開くまで残っていたが、そうでなければ診察を終える朝には退院させて、かかりつけ医のもとへ行ってもらわなければならなかった。

手術をした動物に限らず、この病院にやってきた動物たちの飼い主には、必ずかかりつけの病院に行って経過を診てもらうように頼んだ。ここで撮影したレントゲン写真は、封筒に入れて飼い主に渡した。それが活用されれば、再度検査する必要はなくなり、ペットの体の負担も飼い主が払う診療費も減らすことができる。検査結果や治療の状況は朝までにファックスでかかりつけの動物病院へ連絡しておき、診療に役立ててもらえるようにしていた。

第5章　急患で運ばれてくる動物たち

一般社団法人ジャパンケネルクラブ（ＪＫＣ）によると、２００４年当時の犬種別登録数第１位はミニチュア・ダックスフンド。次いで多いのがチワワで、チワワはその5年間で登録数が３倍以上も伸びたほどの人気の犬種だった。

なぜ当時チワワブームが起きたのか。それはテレビコマーシャルと関係がある。画面いっぱいにチワワの顔が映されたＣＭは、２００４年のＣＭ好感度調査で1位になるほどで、潤んだ瞳で見つめるチワワに人々は心を奪われた。最も小さな犬種であるチワワは、その愛くるしさからとくに若い女性に人気があった。

横浜の繁華街には、深夜まで営業するペットショップがあった。繁華街にある飲食店で働く女性たちへのプレゼントにしようと、客の男たちは動物を購入していった。プレゼントにされる子犬はダックスフンドや柴ではなく、主に幼いチワワだった。女性の気を引くために安くはないチワワを購入していく男たちは、生後2カ月を過ぎたものよりも、まだ2カ月にも満たない赤ん坊のチワワを好んだ。

２００４年12月25日のクリスマスの夜。若い女性が、夜間動物病院に駆け込んできた。手の中に包み込むようにして連れてきたのは、握りこぶし2個分ほどの、小さなチワワだった。

診察台に乗せられた茶色のチワワは目を閉じて力なく横たわり、苦しそうに肩を上下させて呼吸していた。体重は４００ｇ。葉山はひと目見て低血糖症だとわかった。この日すでに、低血糖症のチワワの子犬を3頭も治療していた。

　クリスマスプレゼントにされた、飼育するにはまだ幼すぎるチワワ。すばやく血液検査をしながら、話のできないチワワに代わって飼い主の女性に家での様子を尋ねた。

「いつからこんな状態ですか」

「1時間くらい前から……。それまでは元気に走り回っていたのに、突然ぐったりして……」

　女性は力のない声で、とぎれとぎれに話した。

「今日、ご飯は食べましたか」

「朝、少しだけ」

「飼い始めたのはいつですか」

「昨日からです」

　女性の話に加えて血液検査の結果からも、やはり低血糖症にかかっていることに間違いはなかった。

「低血糖症になっているので、これから血糖値を上げるための治療をしますよ」

「先生、お願いします」

「精いっぱいのことはやりますが、低血糖症で命を落とす子犬は多くいます」

「えっ……」

　ちょっと具合が悪くなっただけだと思っていた飼い主は、チワワが死に直面していることを知って言葉を失った。

「急いでグルコースの用意をして」

グルコースは血糖値を上げるために血管に打てるように作られた医薬品だ。意識があるならば口からシロップを飲ませることができるが、意識のない場合は血管に注射する。間に合って血糖値が上がると、劇的な回復を見せる。葉山は祈るような思いで治療をした。

注射をしてしばらくすると、チワワがもぞもぞと体を動かし始めた。

「目を開けました」

じっと様子を見守っていた動物看護師が、うれしそうに声をあげた。目覚めたチワワはあたりを見回すと、すっくと立ち上がった。飼い主には、葉山がまるで魔法を使ったかのように見えた。

葉山はやさしくチワワの頭をなでながら声をかけた。

「もう大丈夫だよ」

診察室に張り詰めていた空気が、フッと緩んだ。葉山は再び子犬が低血糖症にならないように、今後注意しなければいけないことを飼い主に伝えた。

「子犬は新しい飼育環境に慣れるまでに、1週間ほどかかります。その間に感じるストレスで寝不足になったり、食欲がなくなったりして、低血糖症の引き金となることも多いんですよ。それに子犬は限界まで遊んでしまうので、急に電池が切れたようになってしまいます。だから、しばらくの間はケージで静かに休める環境を作ってあげてください」

2005年9月22日の読売新聞には、〈赤ちゃんペット売ってはダメ 『8週齢以後』環境省検討〉という記事が載った。日本国内では犬猫の約6割が生後60日以内にペット店に仕入れされ販売されていたが、この年の6月に動物愛護法が改正。生後間もない犬猫の販売を禁止するという方針を環境省が固めた。幼すぎる犬猫は環境への対応力がまだ十分になく、そのため世話をしきれずに捨てられるケースもあるなど、幼い犬猫の販売について数多くの問題点を指摘するものだった。

また『犬を殺すのは誰か ペット流通の闇』(朝日新聞出版)の中で著者の太田匡彦氏は、オークションやネット販売などで行われている衝撃的なペット流通の実態を明らかにするとともに、殺処分と幼齢犬の関係について問題提起している。

太田氏は幼齢犬研究の第一人者といわれるアメリカ・ペンシルベニア大学獣医学部のジェームス・サーペル教授に連絡を取り、子犬を母犬たちから早く引き離すと、攻撃性、不安症などのさまざまな問題行動を起こす可能性が高くなることを確認した。

同じく朝日新聞出版の『AERA』編集部の調査結果をもとに、問題行動を起こして扱いに困った飼い主が保健所へ連れていく割合の多さを詳細に報告し、幼齢犬の流通や販売の現状に警鐘を鳴らしている。

子犬の性格を形成する上で非常に重要な時期は、「社会化期」といわれている。個体差や犬種による差があるため、社会化期がいつなのかはっきりと断言されてはいないが、おおよそ生後8

週齢くらいまでの間だと考えられている。この時期を、母犬の愛情を受けてきょうだい犬たちとじゃれ合いながらさまざまなことを学んでいくのと、ショーケースの中に隔離されて過ごすのとではその後に大きな違いが出るであろうことは、想像に難くない。

幼いうちに母親や兄弟たちから離してしまうと社会性が身につかないため、成犬になってから吠えたり噛みついたりという問題行動につながると指摘する獣医師は日本にも多い。

また生後40日を過ぎるころには母親から受け継いだ抗体が減り始め、免疫力が低下して病気にかかりやすい。しかしできるだけ幼いほうがかわいらしく、そんな幼い子犬を欲しがる人がいるため、生後40日に満たないうちに母犬から引き離される。すると幼すぎて弱ったり死んだりしてしまうこともあるのだ。

幼齢犬の販売について、ほかの国々はどのような対策をとっているのだろうか。アメリカ、イギリス、ドイツ、スウェーデンなど欧米の多くの国々では、生後8週を過ぎるまでは、生まれた環境から引き離してはならないと法律で定めている。

日本でも2012年に改正された「改正動物愛護法」には「犬猫等の繁殖業者による出生後56日を経過しない犬猫の販売のための引き渡し・展示の禁止」という条項が新設された。

さらに一部のペットショップでは終日営業や深夜営業を行い、そのため幼い犬や猫たちは狭いケースの中で長時間衆人の目にさらされていた。これに対して動物たちの健康面を問題視する声が高まり、ペットショップなどの動物取扱業者は、犬や猫の展示を午前8時から午後8時までの

12時間に制限することが法律に盛り込まれた。

さて、横浜夜間動物病院が1年で最も忙しくなるのは年末年始だった。年末30日まで診療をしている病院でも、大みそかと正月の三が日は休診となることが多い。だから正月は市内や県内だけでなく、近県からも患者がやってきた。空気がキリッと澄んで星が美しく輝いて見える夜、病院は2度目の正月を迎えた。

「今日は忙しくなるぞ」

開業前から気合を入れていたスタッフだったが、予想をはるかに上回る混雑となった上に、問い合わせの電話がひっきりなしにかかってきた。

待合室は飼い主と動物であふれ、受付をしてから診察を始めるまでに1時間待ち。ふだんの4倍近い数の患者がやってきた。この忙しさでは、いつもならアドバイスをするだけの輪番も、スタッフのひとりとして治療にあたらないわけにはいかなかった。

正月はペットといる時間が増えるため、いつもなら気にしないことが心配になってやってくる飼い主もいた。

「うちの子の脈が早いのは、何か心臓の病気ではないでしょうか」

人間は1分間に「トクットクットクッ」と60回ほど脈を打つ。小型犬は「トットットットッ」と100回近い速さだ。犬の脈は人間のものに比べて早いため、病気なのではないかと心配になってしまうのだ。

また多くの人が家に集まる正月は「誤飲」で来院する動物も多かった。誤飲とは、食べてはいけないものを飲み込んでしまうことだ。昼間の病院の場合、誤飲をしたペットを診るのは月に1件ほど。だが、ここには3日に1件ほどの患者がやってくる。スタッフたちは、夜間診療において誤飲の治療がとても多いことに驚いていた。

青ざめた顔色の飼い主がラブラドール・レトリーバー（10カ月／オス）を連れてきた。ラブラドール・レトリーバーは盲導犬や警察犬としても活躍している犬で、ペットとしての人気は高く、アメリカ、カナダ、イギリスなど多くの国で登録頭数が1位の犬種だ。大型犬の飼育環境が難しい住宅事情の日本でも、この犬の人気は高い。1歳で体重は20kgほどになるが、その大きな体には似合わないほど温厚で人なつこい性格で、家の中で飼育しても無駄吠えをせず、飼い主の気持ちを察して行動できる賢さを持っている。それなのに、誤飲でやってくる犬種としても上位にランクインしてしまっている。

それはこの犬種が好奇心も食欲も旺盛で、食べられるもの・食べられないものにかかわらず何でも口に入れようとすることにある。だから彼らの手（足）の届くところに興味を示しそうなものを置かないようにしたり、散歩中はリードを短く持って自由に拾い食いができないようにしたりと気をつけている飼い主は多い。

来院したラブラドール・レトリーバーは、焼き鳥の竹串を飲み込んでいた。診察にあたった葉山が、そのときの状況を飼い主に尋ねた。

「遊びに来ていた親戚が、食べていた焼き鳥を犬の鼻先に持っていったら、あっという間に串ごと食べてしまって。急いで口を開かせたけれど、もう飲み込んでいました。まさか竹串も一緒に飲み込むなんて……。胃に穴が開いたら大変だと思って、急いで連れてきたんです」

その犬の体にはまだどこにも不調は出ていないようで、飼い主の隣におとなしく座っていた。

焼き鳥や団子を竹串ごと食べてしまい、ここへ連れてこられる犬は多かった。葉山は犬の口を大きく開けて、中を念入りに調べた。まれに動物の口の中に、まだ飲み込んだものが残っていることがあった。しかし口の中には何もない。異物が小さくて体への害もないものならば、このまま様子を見ることもできる。2、3日待てば排泄物とともに出てくることが多いからだ。

しかし竹串となったら、このままにしてはおけない。竹串が胃や腸に刺さると、最悪の場合死んでしまう可能性もある。竹串のほかにも、縫い針や画びょう、釣り針、つまようじ、ボールペンなども内臓を傷つけてしまうので、飲み込んだときには取り出さなければならない。

尖ったものを飲み込んだときには、内視鏡を使う。葉山は犬に全身麻酔をかけて眠らせ、超小型カメラが先端についた内視鏡の管を口から挿入した。カメラが口から食道へと進んで行く様子がモニターに映し出され、やわらかそうなピンク色の壁がカメラを包み込んでいた。

体の奥へと進んで行くと、広い空間に到着した。胃だ。その右奥に竹串を見つけた。さっそく葉山は、内視鏡の管の中に物をつかむことのできる鉗子を入れた。慎重に竹串をつかみ、どこにも引っかけないようにゆっくりと引き出した。

ラブラドール・レトリーバーは麻酔から覚めると、何事もなかったかのように飼い主の横にぴったり寄り添い、優雅な歩調で診察室を出て行った。

動物が食べてはいけない異物を飲み込んでしまうケースはほかにも多くあった。「ひも」もそのひとつ。犬や猫はひもで遊んでいるうちに、いつの間にか飲み込んでしまうことがある。ひもがお腹の中に詰まると内臓の動きが悪くなり、腸閉塞や腹膜炎などの重い病気の原因となる。手術でお腹を開けて、胃や腸に詰まっているひもを取り出さなければならない。飼い主の匂いのする靴下やタオルなどの布類に興味を示す犬も多い。ブンブンと振り回したり、かじって引きちぎったりしているうちに飲み込んでしまうのだろう。

誤飲事故は0歳から1歳が最も多く、3歳以上になると落ち着いてくるという統計がある（アニコム損害保険株式会社調べ）。この時期はとくに好奇心旺盛で、何でも口に入れるため誤飲が起きやすくなる。

誤飲で来院する動物は、犬や猫だけではなかった。体長40㎝ほどのフェレットも誤飲の常連だった。フェレットは古くからヨーロッパで飼育されているイタチ科の動物で、アメリカでは犬、猫に次ぐ第3のペットといわれている。散歩の必要もなく、飼育スペースもケージがひとつあれば十分で、臭いや鳴き声で近所迷惑を気にする必要がない。そのためマンションなどの集合住宅でも飼える「都会派」のペットとして、日本でも人気となった。

とても賢くて飼い主によくなつき、子猫のように遊ぶことが好きな動物だが、身の回りのものをかじる習性があるので、プラスチックやタオル、おもちゃなどを食べてしまうことがあった。ペットを室内で飼育するということは、人間の生活圏に彼らが入ってくることを意味する。外で飼育する場合とは異なり、室内には多くのものが置かれている。部屋の中は、ペットにとって興味のあるものだらけなのだ。

ペットの好む匂いや味のするものは、手の届くところには置かないよう注意が必要だ。ティッシュペーパーも危ない。保湿ティッシュにはショ糖が含まれているからか、甘い食べ物と勘違いして食べてしまうことがある。

異物を飲み込む以外にも誤飲はある。それは食べ物を大きいまま飲み込んで「食道」に詰まらせる「食道閉塞」だ。そのままにしておくとやがて炎症が起きて食道に穴が開き、肺に空気が取り込めなくなってショック死してしまう。犬は食べ物を丸飲みする習性がある。そのため、大きなかたまりのまま食べ物を与えてしまうと、危険な状況になってしまうケースがあった。

「何だかうちの犬が、苦しそうなんだけど……」

アメリカン・コッカー・スパニエル（3歳／メス）が、飼い主に連れられてきた。ディズニー映画『わんわん物語』のヒロインとして有名になった、体重10kgほどの毛の長い犬だ。

「ウエッツウエッツウエッ」

何かを吐きたいようだが、よだれを流すばかりで何も出てこない。

「誤って何か飲み込んだものはないですか?」

田村が尋ねると、飼い主は少し考えてからつぶやいた。

「そういえば、リンゴをあげてから様子がおかしくなったかもしれないなあ」

でも、リンゴならば犬が食べても問題はない。

「急いでレントゲン写真を撮ってみましょう」

できあがったレントゲン写真を見て田村は驚いた。喉と胃の中間に、大きな黒いかたまりが写っていた。どうやら犬は、カットされたリンゴを噛まずに飲み込んでしまったようだった。この大きさでも、胃まで運ばれれば消化されて問題はない。しかしリンゴはしっかりと食道をふさぐようにして詰まっている。時間が経っても自然に胃へ落ちることはなさそうだった。

田村は犬に全身麻酔をして内視鏡を使って取り出すことにした。口から内視鏡を入れると、すぐにリンゴがモニターに映し出された。ワインのコルクのようにガッチリと食道に詰まったリンゴのかたまりは、内視鏡で突いてもびくともしない。

食道閉塞の場合、手術はできない。食道は一度切開してしまうと胃や腸と異なり、元のようにくっつけることができないからだ。さらに食道は心臓や肺に近く、万が一食べたものが漏れてしまったら、命にかかわる事態になる。

田村は内視鏡の管に鉗子を通して、リンゴを引っ張った。モニターを見ながらリンゴを鉗子でつまむと、１００円玉ほどの大きさのリンゴの破片がちぎり取れた。しかし実際に出てきたリンゴの破片は、消しゴムのカスほどの大きさだった。モニターに写っているリンゴは、実物よりも拡大されて映っている。（リンゴの詰まりを治すには、いったいどれくらい時間がかかるんだ）。手のひらの上にあるリンゴの小片を見て、田村は途方に暮れた。

しかし、自分以外には誰もこのコッカー・スパニエルを助けられない。獣医学書で調べても、リンゴを詰まらせた犬の治療法で役に立ちそうな情報など書かれていない。緊急時に頼りになる輪番の獣医師もすでに帰宅していた。この動物病院では、どんな症状の患者が来てもそれぞれに臨機応変に対応する力が必要だった。田村は何としてもリンゴのかたまりを崩そうと、生理食塩水を使ってリンゴをやわらかくしながら、少しずつつまみ取っていった。それはまさに気の遠くなる作業だった。

開始から2時間が経とうとするころ、リンゴがわずかに動いた。息を詰めて慎重に続けていた治療が、ようやく実を結ぼうとしていた。内視鏡の先でグリグリ押してみると、詰まって動かなかったリンゴが、とうとう胃の中へ落ちていった。

「終わったー」

内視鏡を犬の口から抜いた田村は、体を伸ばそうと立ち上がった。その瞬間、体がグラッと傾き、田村は慌てて手をついた。あまり呼吸をせずに治療を続けていたために、体に必要な酸素が不足して貧血状態になっていたのだ。

「あれ、目が閉じないぞ」

さらにまばたきをほとんどせずにモニターを見続けていたからか、瞳が乾いてまぶたを閉じることもできなくなっていた。リンゴと長時間格闘した田村は、しばらくの間椅子から立ち上がることができなかった。

ペットが有害なものを食べてしまったと駆け込んでくる飼い主も多い。日本でもアメリカでも犬の誤飲の第1位は、「人間の医薬品」だといわれている。

「夕食後に薬を飲もうとして床に落としてしまって。その薬を犬がくわえたから、『ダメ、出しなさい！』と大きな声で叫んだら、飲み込んでしまったんです」

犬は飼い主が取り上げようとすると、取られないように慌てて飲み込んでしまうことがよくある。また飼い主が大きな声を出すとびっくりして、その拍子に飲み込んでしまうこともある。人間とペットが同じ空間で生活をするようになると、ちょっとしたうっかりが命取りになる事態に発展する。

さらに人間には栄養でも、犬や猫が食べると有害な食べ物もある。たとえば「ネギ類」。長ネギやタマネギを食べると、血液中の赤血球が壊れやすくなって起こる溶血性貧血を起こすことがある。重い溶血性貧血になると全身へ酸素が行き渡らなくなって酸欠状態に陥る。人間が使用する解熱剤や鎮痛剤に含まれるアセトアミノフェン、そして防虫剤に含まれるナフタリンも溶血性貧血を引き起こす原因になるため注意が必要だ。

夏は保冷剤による中毒も多くなる。暑い季節、暑さ対策として保冷剤をベッドの下などに敷いてやるという飼い主も多い。「食べられません」と書いてある保冷剤に何もしなければいいが、もしペットがかじってしまったら大変なことになる。ジェルタイプの不凍液の入った保冷剤の中身はエチレングリコール。甘い味がするため、食べ物だと勘違いしたペットは喜んでなめてしまう。エチレングリコールそれ自体は有毒ではないが、飲み込んだ後に肝臓でグリコール酸エステルやシュウ酸エステルなどに代謝されると、非常に強い毒となる。

エチレングリコールの最小致死量は体重1kgあたり犬で4.2mℓ～6.6mℓ、猫で1.5mℓと言われている。小さじ1杯が5mℓだから、少量でも体に大きな影響を及ぼすことがわかる。

エチレングリコールをなめてから30分から12時間で嘔吐、運動失調、けいれんが起きる。摂取後1時間以内には水を多く飲み、頻尿が見られる。また、急性アルコール中毒に似た症状が出ていたらさらに要注意だ。

「何だかフラフラしている」

そう感じたらすぐに動物病院へ連れていかないと命取りになる。摂取後すぐならば吐かせたり胃洗浄を行うこともできるが、体内に吸収してしまったらエタノールの静脈注射をするしかない。

摂取後1時間以内であればほぼ100%その効果を発揮するが、摂取後4時間も経つと有効性は低くなる。それはエチレングリコールの代謝が早いためだ。エタノールの静脈注射をしたとしても間に合わずにエチレングリコールが分解され、毒性物質が作られると手遅れになってしまう。

摂取後12～24時間では脈拍数が非常に多くなる頻脈や、異常に呼吸の頻度が増す呼吸促迫の症状が現れ、さらに時間が経つと体内でできたシュウ酸エステルなどによって腎臓がダメージを受け、腎不全になって高い確率で死に至る。

日常の生活の中には、ペットたちにとって多くの危険が潜んでいるのだ。

「猫が吐いて、体がピクピクとけいれんしています」

輪番が帰ったある日の深夜遅くに、救急の電話が入った。

「猫」、「吐いている」、「けいれん」という言葉から葉山と田村は、猫が到着するまでに予想される病気を絞り込んだ。命の危険が迫っている場合、到着してからの時間のロスは1分1秒たりとも許されない。治療の段取りを頭に描いて、薬剤の用意も指示しておく。

やってきた猫はすでに意識がなく、よだれを流して体を震わせていて、かなり危険な状態だった。ふたりは難しいパズルを解くように、しゃべらない患者から病気の原因を探った。瞳孔が極端に小さくなり、不整脈が起きて脳に必要な血液を送ることができなくなっていた。

「もしかしたら有機リン中毒かもしれないぞ」

葉山と田村は急いで検査をした。検査の結果から脳腫瘍などのほかの病気の可能性は消え、有機リン中毒の可能性がますます強くなった。有機リンは農薬などの殺虫剤に含まれている毒性の強い物質で、有機リン系化合物として有名なものにサリンがある。

摂取後1時間以内で状態は急激に悪化していく。人間には副交感神経という筋肉を動かしたり、心拍を落ち着かせたりする神経がある。この神経を働かせるアセチルコリンという物質は、通常ならば仕事を終えると速やかに分解されるが、有機リンによってアセチルコリンがいつまでたっても分解されない。その結果、副交感神経が過剰に働いてけいれんや呼吸困難、運動失調を引き起こし死に至らしめる。

強力な殺虫剤に含まれる有機リン系薬剤は皮膚からでも吸収される。とくに猫は、舌をブラシ代わりにして体のすみずみをなめて汚れを取るグルーミングをする習性があるため、体に付着したものを体内に取り込んで中毒を起こすことがある。

有機リン中毒の猫は、ふたりにとって初めて見る症例だった。(あの本に使用すべき薬剤とその量が書かれていたはずだ)。葉山は以前読んだ獣医学書に有機リン中毒のことが詳しく書かれていたことを思い出し、急いでページをめくった。

「あったぞ田村先生。解毒薬のパムを打ってください」

葉山の指示を受けて、田村は薬剤溶液の入った小瓶をパキッと折って開け、猫に注射をした。有機リン中毒は、このパム以外の薬では治すことができない。

「自分たちの見立てが合っていてくれ」

ふたりは祈る思いで、診察台の上の猫の様子を見守った。

しばらくすると猫のけいれんは治まり、意識もはっきりしてきた。有機リンによる中毒症状を起こしていた猫は、死の淵から蘇ってきたのだ。

難しい治療をやり遂げた満足感に浸っているふたりに、思わぬ攻撃が待っていた。解毒薬で劇的に回復した猫は、「ウー」と低い声でうなりながら鋭い目でふたりをにらみつけた。診察台の上で激しく暴れて、保定（診察の際などに動物が動かないように押さえておくこと）するスタッフを引っかいた。

「助けたのに、お前はそういうやつだったのか」

「これだけ元気になれば、もう大丈夫だな」

ふたりは引っかき攻撃を避けながらすばやく点滴を施して、酸素濃度、温度、湿度を調整できるＩＣＵ（集中治療室）の中へ移した。

有機リン中毒だと見抜く力があっても、薬がなければ猫の命を助けることはできなかった。有機リン中毒は県内でもほとんど事例のない珍しいものだった。そのため、解毒薬であるパムはほとんど使われることなく、使用期限が切れてしまうような薬だ。それでもいつ来るかわからない急患に備えて、この病院ではお守りのように必ず常備していた。

再び夜間動物病院の電話が鳴った。

電話を受けた動物看護師の声に聞き耳を立てていた葉山は、「チワワ」、「メス」、「4歳」、「ぐったり」、「けいれん」という単語を拾い出した。ぐったりしてけいれんしている犬ならば低血糖症も考えられるが、「チワワ」、「メス」、「4歳」という言葉から、別の病気の可能性が高いと判断した。

「最近出産をしていないか飼い主さんに確認してみて」

電話口の動物看護師に頼むと、3週間前に出産をしていることがわかった。

「やはり。すぐに来るように伝えて」

葉山は、ほかの動物看護師に治療の準備を指示した。

「点滴とカルシウム剤の注射ができるようにしておいて」

葉山は「産褥テタニー」の可能性が大きいと予想した。母犬が、出産後2週間〜1カ月ぐらいの間にカルシウム不足になるのが原因で、とくに小型犬では注意が必要だ。

母犬は母乳を通して子犬にさまざまな栄養を与える。母乳にはとくに子犬の成長に不可欠なカルシウムが多く含まれている。母犬自体にカルシウムが不足してしまうと、けいれんや発作を起こす。出産後ではなく、出産2週間を過ぎたころにこの症状が見られるのは、子犬が成長して授乳量が急激に増えるからだ。母犬は命を削って子犬に栄養を与えているのだ。

夜間動物病院に母犬が到着した。体重3kgほどのチワワは、筋肉が硬くこわばったようなけいれんを起こしている。

「最近食欲がなくなって心配していたんです。今日は何だか落ち着きがなくて苦しそうに呼吸をしていて。そしたらぐったりとして、息をするのもやっとという感じになってしまって……」

飼い主の話からも産褥テタニーの疑いは強まった。

カルシウムは骨の成長のほかに神経伝達に重要な働きをする。体にカルシウムが不足すると、脳からの伝達がうまくいかなくなってけいれんを起こす。小型犬は1回の出産で3頭ほどの子犬を産む。小さな体で何頭もの子犬に母乳を与えるため、母親の体からはどんどん栄養が奪われていき、体に大きな負担がかかっていく。

葉山が血液中のカルシウム濃度を検査すると、正常値の半分ほどしかない危険な状態になっていた。すぐに点滴をつなぎ、カルシウム剤の静脈注射をした。産褥テタニーは治療の遅れが死を招く。しかし今回は発見が早く、母犬は子犬たちのもとへ飼い主と帰ることができた。

「お母さん、がんばってくださいね」

葉山は母犬の頭をなでながらやさしくつぶやいた。


春は飼い主の不安による診察が増える。4月や5月は、狂犬病の予防接種やワクチン接種の時期であることも関係があるだろう。

「様子をよく見ておいてください」

昼間の予防接種時に獣医師からそういわれた飼い主は、些細なこともおかしいのではないかと疑ってこの病院へやってくる。しかしほとんどの場合、何ら問題ない。

「明日まで心配し続けなくてよかった」

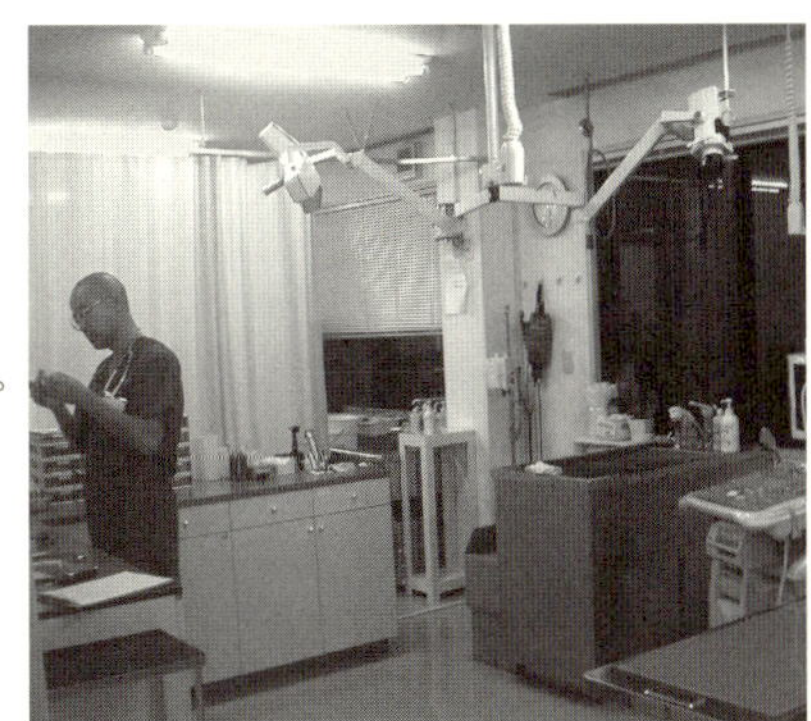

開院当時の診察室の様子。

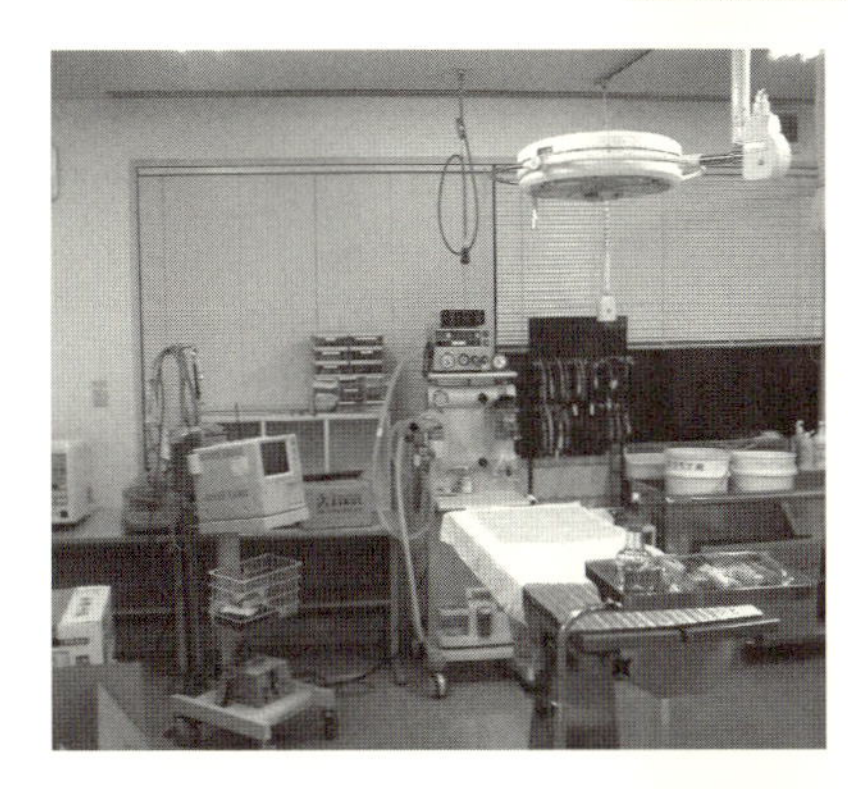

手術を行うエリア。診察室とはカーテンで仕切られていた。

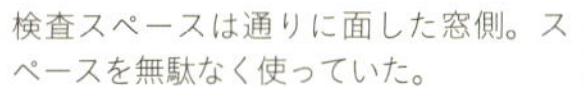

検査スペースは通りに面した窓側。スペースを無駄なく使っていた。

ほっとした表情で飼い主たちは帰っていった。

初夏から夏の終わりにかけては、「熱中症」の発生が多くなり、そのために命を落とす犬もいる。「熱中症」は、体内に溜まった熱を外に逃がすことができないときに起こる。

人間は大量に汗をかいて体温を下げることができるが、犬は汗をかいて体温調節をすることができない。犬は皮膚を被毛に覆われ、体温の上昇を防ぐための汗腺は足裏の肉球だけ。そのためだらりと舌を出し、「ハアハア」と激しく呼吸をする「パンティング」によって唾液を蒸散させ、気化熱で体温を下げようとする。

暑さに対しては、犬は人の想像をはるかに超えるほど弱い。気温が上がるとパンティングで体温を下げようとするが、蒸し暑い室内にいる犬は、体温を下げることが追いつかずじわじわと熱中症になっていく。人間のようにうまく熱を放出することができないため、水を自由に飲める状態にしただけでは熱中症の予防にならないのだ。

熱中症は日差しの強い真夏の日中に起こると考えがちだが、まだペットの体が暑さに慣れていない春〜初夏にも注意が必要だ。また湿度が高いと唾液が蒸散しにくく、蒸し暑い日であれば朝方や夕方でも熱中症になる可能性がある。

熱中症の初期症状は口を大きく開けて、ハァハァと苦しそうに呼吸するほか、よだれを大量に出し嘔吐や下痢をする。目や口の中の粘膜も充血してくる。体温が40度を超えると筋肉の震えが起きて体に力が入らなくなり、意識が混濁して飼い主の呼びかけにも反応を示さなくなる。意識がなくて全身性のけいれんを起こしていたら、一刻も早く体を冷やして、獣医師の診察を受ける必要がある。さらに進むと血液中の酸素が極端に不足し唇や舌が青紫色になるチアノーゼの症状が出てくる。こうなったら緊急事態だ。脳に大きなダメージを受けショック状態になり死に至る。

熱中症は家の中でもよく起きている。最近の住宅は気密性が高いため、閉め切った室内では気温がぐっと高くなるからだ。

「暑いときはエアコンを入れているから大丈夫」

そう安心している飼い主も油断は禁物だ。日の当たる場所にケージを置いていたら、犬が自分で部屋の中の涼しい場所に移動できずに熱中症になることがある。

炎天下に連れ出すときにはとくに注意したい。ドッグランで夢中になって走り回っているうちに熱中症になってしまうケースも多い。また夕方、気温が下がったころに散歩に連れ出しても、アスファルトには熱がこもっている。人間よりも地面近くを歩く犬は、アスファルトの照り返しによる放射熱の影響も受けやすい。

「お店の中には連れて入れないから、ちょっとの間だけ待っていて」

そんな軽い気持ちで車の中で数分待たせるのも危ない。車の鍵をロックするためには、エンジンを止めてエアコンを切らなければならない。すると車内の温度はぐんぐん上昇していく。エアコンをつけられないからと、犬が飛び出さないくらいの幅で窓を開けておく飼い主もいるが、熱中症の予防としては不十分だ。車中での留守番は絶対に避けないといけない。

熱中症にかかりやすい犬種もいる。パグ、フレンチ・ブルドッグ、シー・ズー、ペキニーズといった、マズル（口吻）の短い短頭種がそうだ。これらの犬たちは体の構造上、首の気管が圧迫されて呼吸がしづらくなっている。寒冷地原産のシベリアン・ハスキー、オールド・イングリッシュ・シープドッグなどは毛皮がしっかりとしていて暑さに弱い。さらに肥満気味の犬は、たっぷりとついた脂肪が体の熱を閉じ込めてしまう。

体の熱をうまく逃がすことができないと、体温はみるみる上昇して脱水症状に陥り酸欠状態になっていく。やがてチアノーゼの症状が現れて、死に至るまでの時間も短い。

では、愛犬が熱中症にかかって意識がなかったらどうすればいいのだろうか。頭やわきの下、内股の付け根を冷水で濡らしたタオルで冷やしたり、風呂場などで体全体にたっぷりと水をかけるなどして急いで体温を下げる努力をしながら、すぐに動物病院と連絡を取って連れていく。応急処置をせずに慌てて動物病院へ連れていこうとすると、動物病院へ向かっている間に容体が悪化して手遅れになる場合もあるため、冷静に対応して愛犬の体を冷やすことを忘れてはいけない。一方で症状が落ち着いたとしても油断はならない。見た目は平常に戻っていても、臓器にダメージを受けている可能性があるため、必ず動物病院で診察を受ける必要がある。

夏が熱中症ならば、冬に多くなるのが猫の尿路結石だ。

2月の底冷えのする夜、診察室に丸々と太ったスコティッシュ・フォールド（5歳／オス）が入ってきた。折れた耳が特徴的で、丸い顔と大きな目が愛らしい。

「ひんぱんにトイレに行くのにオシッコが少ししか出なくて。それにトイレでずっとうずくまっているんです」

これは体の中でできた石が尿道に詰まる尿路結石の症状だった。

もともと猫は水分をあまり摂らない。そのためオシッコの濃度が濃くなり、それが結石を作る原因になってしまう。結石の大きさは砂粒程度から、大きいと数㎝ものサイズになる。

2日以上オシッコがまったく出なくなってしまう状態が続くと、尿毒症を引き起こして、命を落とすこともある。

葉山はすぐに治療にあたった。尿道に詰まった結石は薬では溶かすことができないため、尿道口から医療用のやわらかい管（カテーテル）を入れて、結石を洗い流した。

「尿路結石は再発しやすい病気なので、規則正しい食事と十分な水分摂取が大切です。冬になると猫は水を飲む量がガクンと減るので、とくに注意してあげてくださいね」

葉山は飼い主にそうアドバイスした。獣医師の仕事は、病気を治すだけではない。ペットの病気を予防する飼育法を飼い主にアドバイスをすることも大切な仕事なのだ。

季節ごとに多くなる病気もあれば、年中行事に関係する症例もある。クリスマスイブの夜には、鶏の骨を食道につかえさせた犬が来院することが多い。クリスマスパーティーで出されたローストチキンのおすそわけをもらったことで、大変な目に遭ってしまう。

お正月には餅をのどに詰まらせた犬が、慌てて運び込まれてくる。バレンタインデーの前後には、チョコレートを食べてしまった犬が多くやってくる。カカオの成分には中枢神経を刺激する毒素があり、食べてしまった犬はけいれんや発作を起こすことがある。小型犬の場合には、板チョコ1枚で致死量になるとされる。チョコレートを食べると中毒になるということは、今では多くの飼い主が知っている。だからペットがチョコレートを食べてしまったことに気づいた飼い主は、まだ何も症状が出ていなくても心配してこの動物病院へやってきた。

夜間動物病院には、犬や猫のほかに病気のハムスターを診てほしいという電話がときどきかかってきた。ハムスターの寿命は、種類によって2〜3年ほどだといわれている。ハムスターをペットショップで買うと、1匹1000円ほど。診療にはその何倍ものお金がかかる。

「できる限りの治療をしてください」

飼い主が涙声で訴えてくる。（命の重みはお店で売られていた動物の金額とは関係ない）。スタッフは大切なことを考えさせられた。

また、年配の男性から、こんな電話がかかってきたこともあった。

「うちのが、うちのが……」

取り乱していて、話が要領を得ない。

「呼吸はしていますか」

「水槽の中でひっくり返っていて」

「……?　水槽の中ですか?」

電話で応対していた動物看護師は驚いた。どうやら水の中に住む生き物のようだ。

来院する動物を種類別に見ると、95%が犬と猫。残りの5%はウサギ、フェレット、ハムスター。カメなどの爬虫類、カエルなどの両生類、そして魚類や鳥類、昆虫の診察は原則として行っていない。

「どうしたらいいですか、うちの子の顔色が悪いんです」

いろいろと聞いていくうちに、顔色がわかるほどにかわいがられているのは金魚だとわかった。残念ながら、ここでは金魚の診察はしていない。それでも頼ってきた飼い主に何かアドバイスができないかと、スタッフは全員で手分けをして調べて、塩浴など今できることを伝えた。

金魚を飼っている人ならばこの「塩浴」という言葉を聞いたことがあるだろう。現在でも用いられている治療法だ。「元気がないな」と感じたら水に0.5%(1ℓの水につき5g)の食塩を入れる。塩には殺菌作用や、新陳代謝を活発にして体調の回復を早める効果があるという。ただし、どの金魚にも有効なわけではない。

翌日、その飼い主から今度はうれし泣きの声で電話が入った。

「本当に、本当にお世話になりました。お陰さまでうちの子の顔色がよくなって、今では元気に泳いでいます。いい年をして、金魚のことで取り乱すなんてと思われたかもしれませんけれど、誰に何を思われたっていいですよ。金魚は私の家族ですから」

スタッフには、飼い主から電話や手紙で感謝の言葉が寄せられた。一度きりの治療でかかりつけ医にバトンタッチしてしまうここのスタッフは、完治するまで継続して診られないもどかしさを感じていた。だから元気になって以前のように走り回っているという知らせは、何よりもうれしく仕事の活力になっていた。

第6章　成長していく若者たち

葉山が藤井動物病院で働いていたころ、週に一度の宿直業務を担当していた。宿直は夜の7時から翌朝7時までで、急患が来たら診察をして、藤井への報告書を書く。急患は夜の9時から深夜1時ごろまでが多かった。何もなければ宿直室で仮眠をとることはできたが、手術が入ったときは明け方まで様子を見ていることもあった。翌日も通常勤務だったので、宿直業務は体力的に厳しく、さらにひとりで急患を診なければならないため精神的にもきつかった。

葉山が夜間動物病院で働くようになって強く感じているのは、急患に対してひとりだけで対応しなくていいという安心感だった。獣医師はもうひとりいるし、動物看護師も助けてくれる。さらにアドバイスをしてくれる輪番もいる。気持ちに余裕ができた。

「1週間前から吐いているんです」

藤井動物病院で宿直をしていたときに飼い主からこういわれると、(それなら昼間に連れてきてよ)と心の中でつぶやくこともあった。しかし今は、心に余裕ができた。「飼い主が迅速な処置が必要だと思ったら、それは急患だ」と思えるようになったのだ。

それでも昼夜が逆転した生活は容易ではなかった。そんな葉山を家族が支えた。帰宅した葉山を妻は手料理で迎え、幼い娘の笑顔で葉山の心は癒された。藤井動物病院に勤務していたころは、急な呼び出しに備えてお酒を控えていたが、そんな心配もいらなくなって朝の情報番組を見ながら、のんびりと酒を飲んだ。『笑っていいとも』が始まるころになると、うつらうつらと眠気が襲ってきた。

田村は大和市の自宅から車で通勤していた。仕事を終えて朝の6時30分ごろに帰宅。夜間救急の仕事は無意識のうちに精神を高ぶらせていたので、気分転換が必要だった。愛犬の散歩をして、眠くなるギリギリまで我慢してから深い眠りにつくようにした。睡眠時間はしっかりと確保していたが、男のひとり暮らし。ろくなものを食べていないだろうと心配した母親が、手作りの弁当を届けてくれていた。

病院にやってくる患者の7割は、命にかかわる病気やケガではなかった。翌朝まで待って、かかりつけ医のところで診てもらっても大丈夫な嘔吐や下痢などの消化器系の病気が多かった。しかし「ゲーゲー」と吐いていたり、水のような便をしているペットを前にした飼い主たちは、手遅れにならないかと心配してこの病院へ連れてきた。ライフスタイルの変化によって、夜間でも日用品を買うことのできるコンビニエンスストアのように、夜間に診療している動物病院もまた人々の暮らしに必要な存在になっていた。

その一方で、残りの3割が命の危険のある「真の急患」だった。真の急患とは、たとえば中毒、低血糖症、胃捻転などで、処置が間に合わないと死に至る。

真の急患は外傷も多く、23時ごろまでに運ばれてきた。仕事を終えてから夜に散歩に行く人が増えたからか、その時間帯に車にはねられて脊髄を痛めた犬や心肺停止状態の犬、散歩中にケンカになって眼球が飛び出た犬もやってきた。翌日のゴルフのラウンドに向けて庭で練習をしていた飼い主に、誤って頭を殴られ意識をなくした猫も運ばれてきた。

夜間専門で専属のスタッフが常駐し、診察している動物病院は国内にほとんどなかった。そのため昼間の病院では集積できない多くの救急症例のデータが蓄積していた。

「この病院で行った治療は貴重なものだから、何か書いて獣医雑誌に寄稿したらどうか」

藤井にすすめられた田村は、この病院で経験したことを文章にまとめた。田村の原稿は、同業の獣医師たちから高い関心を得た。救急動物病院の現場レポートは連載となり、内視鏡などの特集記事も反響を呼んだ。

当時救急医療に関する症例のデータは、ほとんどがアメリカのものだった。それによれば、犬の胃捻転の手術での生存率は50%ほど。しかし藤井と田村で考えた新たな手術法なら、ここではほとんどの犬が助かっていた。手術にかかる時間も、今までの術式よりも30分は短縮できた。藤井は田村に新たな提案をした。

「新しい術式で胃捻転の手術をした犬の生存率が、海外のデータにあるものよりも高いことを学会で発表しよう」

まだ30代前半の獣医師が学会で発表することは珍しかったが、この病院に勤務していた田村はすでに多くの症例を診ていた。

田村の学会発表を藤井や理事たちが応援した。学会本番を想定した発表10分、質疑応答5分の予演会を繰り返して発表を練り上げていった。10日ごとに行われたこの特訓は4カ月間続いた。

「仕事は休んでいいからがんばってきなさい」

藤井から励ましの言葉を受けた田村は、（京都に観光に行くわけじゃないし、これも仕事じゃないのかな）と心の中で苦笑しながらも、自分のためにみんなが協力してくれたことに深く感謝していた。特訓のおかげで発表内容はしっかりと固まっていった。

京都で開かれた日本小動物獣医師会年次学会に、田村はふだん着なれないスーツを着て出かけた。会場には多くの獣医療関係者が集まり、その中にはよく名前の知られた獣医師たちの顔も多く見えた。

「すごいところに来たな……」

緊張が高まり手足が震えた。発表が始まると、質疑は理事たちと練習していた想定内のものばかりだった。

田村が発表した「緊急手術としての胃捻転における術式の検討」は、データに裏づけされた画期的な内容だと高い評価を受け、２００５年日本小動物獣医師会年次学会学会賞を受賞した。

一方の葉山は救急医療の現場で働くうちに、痛みや苦しみを早く的確に取りのぞくための知識をより深め、診療のスキルアップを図りたいという思いが強くなっていた。そんなとき、救急医療に関する学会がアメリカのサンディエゴで開かれることを知った。日本からツアーが組まれ、通訳も同行してくれるこの学会にぜひ参加したいと藤井に申し出た。

「休みは何とかしよう。ただ旅費を病院の経費からは出せない」

病院の収支が赤字だということは、葉山もわかっていた。だから安くはない旅費は、開業に向けた貯金をおろして工面しようと考えた。

葉山の救急医療に対する思いを、藤井はよくわかっていた。そこで葉山が学んできたことがこの動物病院の、さらには日本の獣医療の役に立つのならばと自分のポケットマネーから旅費を捻出して葉山に渡した。アメリカへ行くことになった葉山に、藤井が意外なアドバイスをした。

「アメリカでは電話帳を見てきなさい」

サンディエゴで葉山は、藤井にいわれた通り電話帳を開いた。電話帳の動物病院のページには、電話番号以外に広告が掲載され、動物病院のさまざまな情報が書かれていた。診療曜日、診療時間、医療設備、往診、診療科、診療動物の種類、急患や入院の対応、ペットホテルやトリミング・サロンの併設など、そこにはアメリカの動物病院のトレンドがぎっしり詰まっていた。

アメリカの学会で多くのことを学んで帰国した葉山は、今まで以上に救急医療への関心を深めていった。

第7章

夜間動物病院ならではの難しさ

横浜夜間動物病院には、動揺している飼い主から電話がかかってくる。電話を受けた動物看護師は、動物が今どんな状態にあるのかを聞き取らなければならない。

「呼吸はありますか」

「意識はありますか」

「どんな様子ですか」

「いつからですか」

「吐いていますか」

意識なくけいれんしているペットや大ケガを負っているペットは生と死の境目にいる。病院に到着してすぐに、心臓が停止してしまうこともある。

「何とかしてください」

飼い主が腕にしがみついて懇願してくる。目の前で消えかかっている命の灯をどうにかしたい。心肺蘇生を試みる。しかしスタッフが一丸となって迅速に治療にあたっても、救えない命はある。それが救急医療の現実だ。獣医師は魔法使いではない。

そんなとき、助かると信じてここへ連れてきた飼い主から、スタッフたちは容赦なく厳しい言葉を浴びせられることがある。

「処置が遅かったから死んだんだ」

「お前たちがうちの子を殺した」

ペットを失ったばかりで気が動転している飼い主たちが、行き場のない怒り、悲しみ、苦しみの感情をぶつけてくる。その言葉が鋭いナイフのように、スタッフの心をえぐる。懸命の治療で汗だくになった手術着が、冷えてピタッと肌にへばりつく。

「この病院に来る患者の命をできる限り救いたい」

その思いが強くなるほど、助けられなかったときの無力感は大きかった。

「怖い」という感情が、いつも獣医師の心を覆っていた。どんな重い病気やひどいケガの動物が突然飛び込んでくるかわからない。ベテランの獣医師たちでさえ困るような症例の動物がやってくる。死が間近に迫る患者を相手に、時間との戦い。極度の緊張感の中での仕事に、何とか心のバランスを保っていた。

「自分は本当に動物が好きなのか」

感覚が麻痺して、自問してしまうこともあった。ここに来るのは患者が最もひどい状態のとき。この動物病院の獣医師は、荒れた海で航海をする船長のようなものだ。厳しい状況の中で、今取るべき最善の方法を考える。のんびりとはしていられない。冷静さと思い切りの良さを兼ね備えた決断力、判断力、行動力が求められた。

労働には「肉体労働」、「頭脳労働」のほかに「感情労働」があるといわれている。獣医師や動物看護師は、まさにそれにあてはまる職業だ。さまざまな感情を抱きながらも、常に冷静さが必要とされた。

スタッフの中でもとくにリーダーシップを求められる獣医師は、医療現場で感情を表に出すことは未熟だと思われる傾向にあった。

「どんなときでも気持ちを揺らさずに、平常心でいなければ」

田村はそう考えていた。それでも、気づかないうちに涙が頬を濡らしていることもあった。そんなときには自分を戒めた。

「悲嘆に暮れて涙を流す暇なんてない。今度同じ病気の動物が来たときのために、よりよい治療ができるかを考えておくことが大切だ」

いつも命を助けられるに越したことはない。しかしこの動物病院に来院する動物たちは、死が近くにあることが多い。(ダメだったときは、次につなげられるように考えていこう)。患者の死が続いて押しつぶされそうになると、割り切って考えなければ仕事が続けられなかった。

ここは救命の最前線。生死の分岐点であるため、多くの死と向き合うことにもなる。だからスタッフたちは、感情をコントロールする術を身につけざるを得ない。そうでもしないと、いつ心が折れてしまうかわからなかった。だから葉山もこう自分に言い聞かせて、悲しみや無力感との距離をとっていた。

「プロ野球選手は三振もすればホームランも打つ。打率3割を超えれば強打者といわれる。でも7割は凡打だ。自分たちもいつも命を救えるわけではない。精いっぱい力を尽くしてもダメなときはダメ。それは仕方がないことだ」

次から次に新しい患者が来るので、落ち込んでいる暇などなかった。この病院のスタッフが着ているのは白衣やナース服ではない。救急に対応していつでも手術ができるよう、青色の手術着で診察を行った。

患者の死を目にする回数が多い分、獣医師がひと目見て「これは無理そうだ」ということもわかってきた。

「苦しんで死んでいくなら、今すぐに楽にさせてもらえませんか」

そう懇願してくる飼い主もいた。飼い主と獣医師が向き合わなければならない問題に、この安楽死がある。

生活環境や食事、獣医療の発達などにより、ペットの平均寿命は著しく延びた。そのため高齢になって寝たきりになったり不治の病を患う動物も増えていた。また事故に遭って、命にかかわる深刻なケガを負った動物も運ばれてきた。

欧米では、不治の病や大ケガを負って助かる見込みがなく激痛に苦しむペットに対しては、最後にできる愛の行為として安楽死を考える。その抵抗感は、日本に比べて薄いといわれている。

では、欧米は動物愛護に対する考えが希薄かというと、まったくその反対だ。

欧州では、１９６１年にはすでに動物保護に積極的に取り組む国際機関として「欧州議会」が活動を始めている。とくにイギリスは、欧州の中でも最も早く動物保護に取り組み、１８２４年には最古の動物保護団体である王立動物虐待防止協会（ＲＳＰＣＡ）を設立して幅広い活動を行っている。英国の各政党も動物問題に対する関心は高く、動物を飼うときには飼い主への啓発活動がしっかりと行われる社会が形成されている。

「動物や飼い主さんにとって、どうするのがベストなのか」

この動物病院のスタッフたちは葛藤している。確かに助かる可能性は限りなくゼロに近いかもしれない。早くこの苦しみから解き放ってやりたいという飼い主の気持ちはよくわかる。でもこの動物病院では飼い主と相談しながら、今できる最善の治療を尽くすことに専念した。日々ストレスや、苦悩、自信喪失と戦いながら、強い覚悟と責任感を持って治療に臨んでいた。

「はい、夜間救急動物病院です」

「あ、あの…うちの犬が……」

「ワンちゃんがどうしましたか」

「突然ぐったりしちゃって」

「ぐったりしているのですね。意識はありますか」

「ないです。呼吸も弱々しくて」

電話応対を聞いていた動物看護師の辻は、液体の入った透明な袋を電子レンジの前に運び始めた。これは、使い終わった点滴の袋の中に水道水を入れたものだ。

点滴の袋は、通常のビニール袋よりも強くできている。ハサミで切らない限り、破ることは難しいほどの強度がある。この袋を利用して、即席の湯たんぽを作る準備をしているのだ。犬の正常な体温はおよそ38度。しかし意識がない動物は体温が下がっていく。低体温状態になると体の機能が正常に働かなくなってしまうため、それを防がなければならない。電話の内容から大型犬だとわかると、専用の保温マットとは別に20個の湯たんぽを用意した。さらにふかふかのバスタオルを診察台の上に敷いた。

「もし自分が飼い主ならば、意識のないペットを冷たい診察台の上には乗せてほしくないから」

辻は、常に飼い主の気持ちになって考えるようにしていた。

不安な気持ちでペットを連れてくる飼い主。正確に迅速な治療をする獣医師。双方の間にいる動物看護師は、獣医師、飼い主そして動物たちの架け橋となり、それぞれに気を配りながら治療がスムーズに行えるように努めていた。

この動物病院のスタッフは、午後9時30分からの診察に間に合うように出勤すればいいことになっていた。しかし辻は午後7時には病院の鍵を開けて、ひとり静かに準備を始めていた。備品の補充や掃除。そうやってゆっくりと2時間以上かけて、気持ちを少しずつ仕事モードに切り替えていくのが辻のスタイルだった。

辻がこの病院で働く中で、常に意識していたことがある。それは、「10歩先を読む」ということだ。動物の命を救うために最善を尽くして1分1秒を争っている診察室は、空気が張り詰めてピリピリとしている。昼間の動物病院では、獣医師に指示されてから準備をすればよかったが、ここではそれが許されない。

「まだ準備できないのか」

獣医師に強くいわれたら、スタッフとして失格だと思っていた。治療が遅れるだけでなく、飼い主に不安を与えてしまう。だから獣医師に指示される前に、次に何が必要なのかを予想して動くその姿勢は治療のスピードを上げ、獣医師からも飼い主からも信頼を得た。

治療を始めるときには、飼い主に許可をもらわなければならなかったため、辻は診察結果を待合室の飼い主に報告した。

「助かる可能性が低いなら、もういいです」

力を落とす飼い主に、辻は粘り強く話を続けた。

「私たちはあきらめませんから、がんばりましょう」

説得を続けても、飼い主に断られることもあった。

「これ以上苦しませたくないんです。もういいですから」

そういわれてしまうと、治療をすることはできなかった。

治療の前に、予想される費用の説明を必ずしなければならなかった。少しでも早く治療を始めたいのに、お金の話をしなければならないのは心が痛かった。治療費の話をするとあきらめてしまう飼い主もいる。飼い主からの命を救う許可がなければ何もできない。全力を尽くしたくてもできないとき、自分が無力だと感じた。

通りに面した広い窓から、朝の光が診察室の中に差し込んできた。辻が壁に目を移すと、時計の針は朝の6時を指そうとしていた。ずっと立ちっぱなしだったので、足と腰は鉛をつけたように重くなっていた。

診察室を片づけると、いつものようにひとりでこのビルの屋上へと向かった。広い屋上に出ると、青空に向かって両腕を大きく伸ばす。朝の冷たい空気を胸いっぱいに吸い込んだ。この場所は、辻だけの特等席だった。こうしてひとりで鉄柵にもたれて街を眺めるのが楽しみだった。東の空からは太陽が昇り、オレンジ色の光を浴びた街は命が宿ったかのように動き始めた。振り返ると、雪化粧をまとって輝いている富士山が見えた。世間の人々が仕事や学校へ向かう中、辻は車で横浜市鶴見区の自宅へ帰った。

夜間の仕事をするようになって、購入したものがある。それは、太陽の光を部屋の中へ通さない「遮光カーテン」だ。動物看護師として働くには、まずは自分が健康でなければならないと考えた。そのために大切なのは睡眠。15時に目覚ましが鳴るまでぐっすり眠るため、昼間でも部屋が真っ暗になるようにと、そのカーテンを買った。

動物の命を救えなかった日は、部屋を真っ暗にしてもなかなか眠れなかった。辻はベッドに疲れきった体を横たえ、天井をじっと見つめた。

「あのとき、もっとこうすればよかったのかな」

思い悩むことは尽きなかった。

動物看護師の仕事は、「動物が好きだから」という理由だけでは務まらない。とくにこの動物病院には、おとなしくてかわいい動物ばかりではなく、血だらけでケガをしている動物や、攻撃的な動物も多くやってきた。動物の糞尿にまみれることもあった。駐車場から意識のない大型犬を担架に乗せて、2階の病院まで階段で担ぎ上げることもしばしばだった。ケガをしている大型犬を、診察中に暴れて噛みつかれないように保定するのも大変だった。

昼夜逆転した生活。肉体的にも精神的にもつらい日々。それでも辻が夜間動物病院の仕事にやりがいを感じていたのは、獣医師にも飼い主にも頼りにされ必要とされていることが強く実感できたからだった。

第8章　さらなる飛躍に向かって

夜間動物病院ができて1年半が経とうとしていた。

病院の運営が徐々に軌道に乗ってきたことで、藤井や理事たちは次のステップへと動き始めていた。それは、CT（コンピューター断層撮影）を導入することだった。

CTがあればより高度な治療が可能になる。CT検査はX線撮影とは違って、体のあらゆる方向の精細な断層を撮影することができる。そのため、体内にできたさまざまな病巣を発見することが可能だ。心臓、肺、内臓などに病気があることが疑わしい場合、CTがあれば開腹手術をすることなく原因を突き止められるし、早期にがんを発見することもできる。

CTが昼間のどの動物病院にもあるならいいのだが、リース代は毎月100万円ほどかかるため、個人の動物病院で導入することは難しかった。たとえ設備を導入したとしても、採算を取るために不必要なCT検査をしていたら、動物は余計な医療被ばくをしてしまう。その上、飼い主は高額な診療費を払うことになる。動物にも飼い主にもいいことはない。

そこで藤井は夜間動物病院を設立したときのように、CT導入の賛同者を募った。

「毎月3万円の出資で、CTを自由に使うことができる」

こう横浜市内の獣医師たちに呼びかけると、予想を大きく超える50名ほどの獣医師から出資の申し出があり、十分な資金が集まった。機種も決まり、話はとんとん拍子に進んだ。いよいよ搬入についての打ち合わせが始まると、前途有為なCTの活躍に誰もが心躍らせた。

「今まではっきりとわからなかった体内の病巣にも気づくことができるぞ」

しかし思いもよらぬところから「待った」がかかった。テナントのオーナーから、CT導入の了承を得ることができなかったのだ。大型機器であるCTを搬入するには、壁を一度壊さなければならなかった。さらに2階にある病院に設置するとなると、建物の補強工事が必要だった。CT装置は大きく2つの機器から成る。X線を発する「ガントリ」と呼ばれる大きな輪の部分は、重さが約1500kg。患者の動物が横たわる寝台も500kgほどの重さがあった。

CT導入は、この病院がこれから発展していくためには必要な機器だった。テナントのオーナーから許可が出ないことがわかると、藤井や理事たちはすぐに次の行動に移った。

「導入をあきらめるのではなく、CTを導入できる物件を探そう」

急きょ、病院を移転させるという大がかりな展開に舵が切られることになった。新しい移転先の条件は「一戸建ての物件でCTが導入できること」、「駐車スペースがあること」の2点だった。

運よく、その条件に合う物件が見つかった。現在の病院からも近く、港北ICからも300mという好立地だった。「川向町」という地名のこの地区は、ふたつの顔を持っていた。そばを流れる鶴見川に寄り添うように開けた平地には、広大な畑が広がっていた。都市農業が盛んで、とくに小松菜は全国有数の産地だった。

その畑から一本道を隔てると様子は一変し、「テクノゾーン」と呼ばれる工場街があった。新しい病院となる2階建ての物件は目の前に広大な畑が広がるその一角にあり、元は自動車修理工場として使われていたらしい。工場街と畑なら、以前の病院同様に夜間の騒音で近隣の住民とトラブルになる心配もない。

1階は75坪、2階は25坪の広さがあり、建物の前面には4台の駐車スペースがあった。1階の床面積は以前の病院の1・5倍の広さがあった。移転をするための要因となったCTは、車の焼き付け塗装をしていた広いスペースを改造して設置することにした。夜間病院では手術が多いこともわかっていた。そのため、汚染や感染の心配なく手術が行えるように陽圧換気のできる手術室を完備した。これは手術室の清潔を保つために、常に室内から室外へ空気が流れる換気設備だ。

さらに藤井は、この動物病院が単に夜間医療だけでなく獣医療従事者が気軽に集まれる拠点となることで、地域の獣医療レベルを高める役割を果たせないかと考えた。そこで病院の2階のスペースを、50人ほどが集まって研修ができるセミナー室にした。

新たな動物病院には、自分たちの地域にも夜間病院を作りたいと、日本各地から多くの人々が見学に訪れた。獣医療の勉強をしている現役の学生たちもやってきた。

鈴木はここに長く勤める辻のことを、いつも気にかけていた。

「この病院に長くいて大丈夫ですか。夜の救急の仕事はつらいでしょう」

「心配してくださってありがとうございます。私なら平気です」

スタッフのまとめ役だった辻がこの先どうしていくのかを、藤井も気にしていた。

「今の仕事をバネにして、5年後、10年後の仕事のビジョンを持つといいね。将来のことを考えているなら相談に乗るよ」

動物看護師は結婚や出産を機に辞めてしまう人が多く、辻のように長く続けていることは当時ではまれなことだった。

「これまでの経験を、動物看護師を目指す若い人たちに話してみませんか」

「えっ、私がですか」

藤井の提案に辻は戸惑った。

「学生たちにとって、辻さんの話はすごく勉強になると思いますよ」

繰り返し説得されているうち、辻は少しでも役に立てるならと、今までの経験を見学に来た学生たちにセミナー室で語った。昼間の動物病院でも夜間動物病院でも働いた経験のある辻の話は、学生たちを引きつけた。学生たちに経験を語ることは、辻自身にもプラスになった。キラキラとした目で自分をまっすぐに見つめてくる学生たちと向き合うと、動物にかかわる仕事をどうしてもしたくて勉強をしていたころの自分と重なり、新鮮な気持ちで仕事に向かうことができた。


夜になると病院の周辺は、工場の明かりが消え人通りもない。ひっそりとした暗い工場街の中で、初めて来院する飼い主は不安になってしまう。

「こんなところに夜間動物病院があるんだろうか」

飼い主たちは病院のすぐ手前にあるわかれ道に来ると車を停車して、場所を確認する電話を病院へ入れた。救急でやってくる場合、できる限りこんな時間のロスはなくしたい。

そこで藤井は、鎌倉を拠点に活動する女性アーティストの「かおかおパンダ」にこう依頼した。

「急患のペットを連れて初めて来院する飼い主さんたちに、ここが目的の動物病院だとわかるような、夜でも目立つ絵を正面の壁一面に描いてもらいたい」

獣医師の父を持つかおかおパンダは、その申し出を快諾してくれた。完成した絵では、色鮮やかなゾウやキリン、ウサギ、犬、猫、ブタたちがやわらかな太陽の光に包まれて穏やかに笑っていた。夜になると絵はライトアップされて夜間動物病院の存在を知らせるとともに、不安な気持ちで駆け込んでくる飼い主の緊張を和らげた。

スタッフたちがひたむきに診療をする姿は、飼い主だけでなく多くの動物病院からの信頼を得るようになっていた。各動物病院のホームページでは、「夜の急患の場合にはここに連絡してください」と、横浜夜間動物病院の電話番号が掲載されるようになった。

横浜夜間動物病院と提携する動物病院は、年々増えていった。赤字続きだった経営も、わずかに黒字に転じていた。その利益をどう使うのか。医療機器の充実にあてるのがいいのか、今までボランティアで年間60日以上働いてくれた理事に給料を出すのがいいのか。50万円を出資して、さらに毎月無償で輪番もしてくれている獣医師たちに配当金を出すべきか。

さまざまな選択肢がある中で藤井や理事たちが選んだのは、獣医療の未来に投資することだった。

「これからの獣医療を担っていく若者たちを育てていくために、お金を使おう」

人材を育成することこそ、やがて巡り巡って地域の獣医療の成長につながると考えたのだった。

「夜間動物病院は、賛同してくれた獣医師が若いスタッフを育ててくれた。今度は、この利益を使って違う形で育てていくことはできないだろうか」

藤井の脳裏には、かつて留学で目にしたアメリカの専門獣医による獣医療が焼きついていた。米国ではかかりつけ医による一次診療と専門獣医による二次診療が確立されていて、一次診療の獣医師から紹介されてやってくる動物たちに対して、専門医が豊富な経験をもとに治療を行っていく。

「若い獣医師にどんどん経験を積ませて、日本でも専門獣医を育成しよう」

その計画の第一段階として、2006年10月から、夜間だけではなく昼間の時間帯での診療も始めた。麻布大学から渡邊俊文を招聘して、まずは総合診療科を立ち上げた。その後も次々に整形外科、循環器科、行動学科など専門分野に特化した科を設け、1年半も経たないうちに、「動物二次診療センター」と命名するほどに病院の規模は拡大していた。

人間の病院は内科、外科、眼科、皮膚科、歯科など専門的な分野にわかれているが、動物病院の獣医師は、どんな症状も診察する総合医だ。幅広い知識を持つ一方で、ある特定の科の症例だけを診療し続けてきた獣医師は少ない。そのため重い病気や大きなケガになると、手に負えない場合がある。

動物を家族同様に考える人々が多くなった現代、飼い主たちは高度医療を求めるようになって

移転後の横浜夜間動物病院。この絵が動物病院に駆け込む飼い主の心を和らげた。

動物看護師の仕事は多岐にわたる。獣医師と同様にハードな毎日だ。

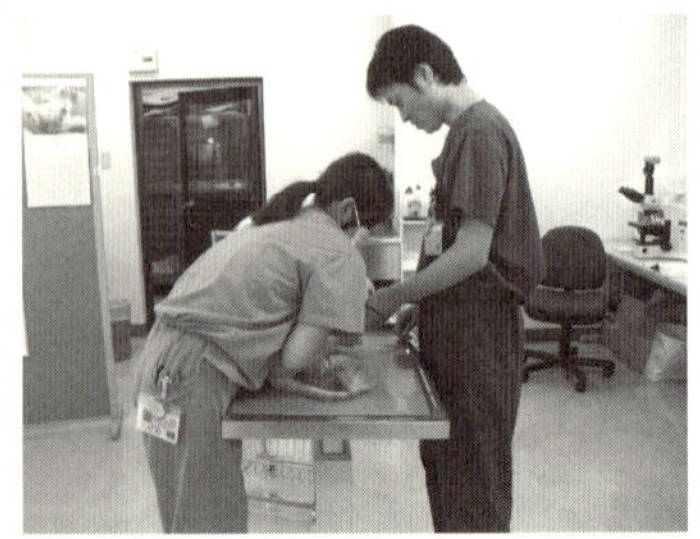

きた。しかしそんなときには、予約してから数カ月待ちが当たり前の大学病院に頼るしかない。

そこで限られた人しか利用できなかった高度医療を、もっと多くの飼い主が利用できるようにするために、動物二次診療センターを開設したのだ。日本ではまだ数少ない各科の専門のベテラン獣医師をこの動物病院に招いた。一次診療をする一般の開業医では手に負えない重篤な患者が来たら、この動物二次診療センターに連絡する。ここでは専門的な高度医療を施し、その後はその動物のことを最もよく知っているかかりつけの動物病院と連携し、協力して治療を継続していく。お互いの長所を生かせる、新たな診療スタイルといえるだろう。

腎泌尿器科、皮膚科など新しい科を次々に立ち上げ、今までならば何もできずにあきらめていた重い病気でも、気軽に専門の獣医師に診療してもらえるようになった。

動物二次医療センターは、地域の獣医療の大きな役割を担うようになっていった。そして若い獣医師たちが、画期的なこの動物病院で腕を磨こうと集まった。専門的に多くの症例を診る動物病院で働くことで、若い獣医師たちは短期間のうちにめざましい成長を遂げた。

さらに昼間も動物病院を開けるようにしたことで、夜間の診療にも大きなメリットが生まれていた。夜間に治療して入院させていた動物たちを帰す必要がなくなり、昼のスタッフにバトンタッチすることで容体が安定するまで見続けることができた。つまり、365日24時間休まずに診療を行う動物病院となったのだ。

「自分が健康でないと、病気の動物をしっかりと診ることはできない」

そう考えていた藤井は、時間があると己の鍛錬に励んだ。早朝、イタリアのバイク・ドゥカティを運転して乗馬クラブへ通い、昼の休憩時間にはスポーツジムに行きプールで1時間ほど泳いだ。夜は近くの武道場で竹刀を握り剣道で汗を流し、休日にはトライアスロンの大会に参加した。47歳になった藤井の体は、ますます活力がみなぎっていた。

しかし2009年12月、藤井はこの病院の代表から身を引いた。設立から藤井を支えてきた理事たちはすでに退任していて、代わって若い理事たちが運営を担っていた。

「組織は若返りしていかないと、時代の流れから遅れてしまう」

大切に育ててきた夜間動物病院に新たな風を取り入れてさらに発展させていくために、藤井は次の世代にバトンを託した。藤井はこの病院の代表からは退いたものの、旺盛な行動力で一般社団法人日本獣医麻酔外科学会や公益社団法人日本動物病院協会（JAHA）などでも要職を務めて、日本の獣医療に貢献する姿勢を持ち続けていた。

進化論で有名なイギリスの生物学者、チャールズ・ダーウィン。彼が語ったとされる有名な言葉を、藤井はいつも心の引き出しにしまっていた。

「最も強いものが生き残るのではなく、最も賢いものが生き延びるわけでもない。唯一、生き残るのは変化できるものだけである」

夜間動物病院は、地域の獣医療に変化をもたらした。今までの体制を変えたのは、藤井の獣医療に対する情熱だった。

「夜間の無獣医時間帯をなくし、動物と飼い主、そして獣医療に携わる人たちに癒しと安心を与えられる病院を作りたい」

この願いは実現し、ペットと人間の暮らしをサポートしている横浜夜間動物病院は、地域の獣医療の中核としての役割を担うようになっていた。

藤井がまいた種は多くの人たちの協力によって枝葉を広げ、たくさんの実を結び、次の世代の獣医療に携わる者たちにしっかりと受け継がれていた。

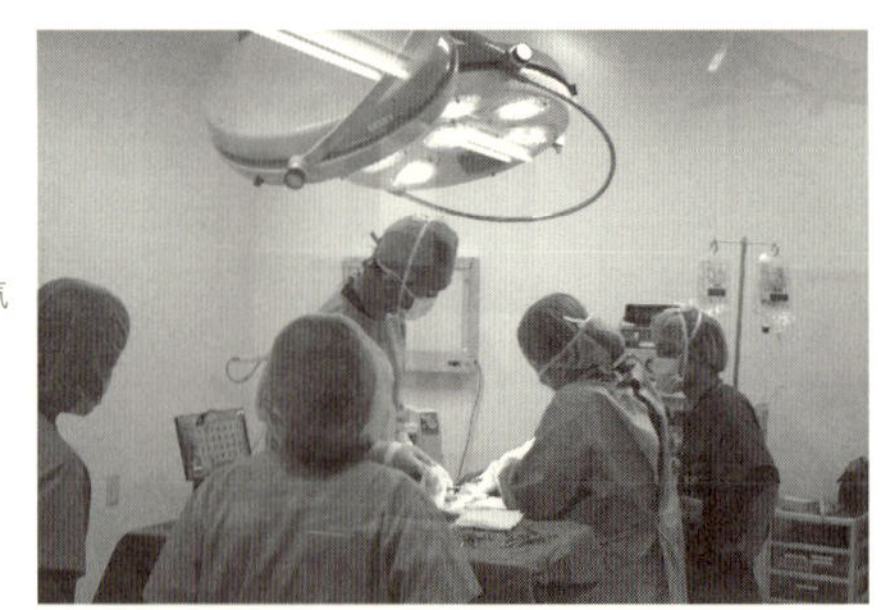

室内から室外へ空気が流れる換気設備のある手術室が完備された。

移転後も、理事会は変わらず10日に1回のペースで続けられた。

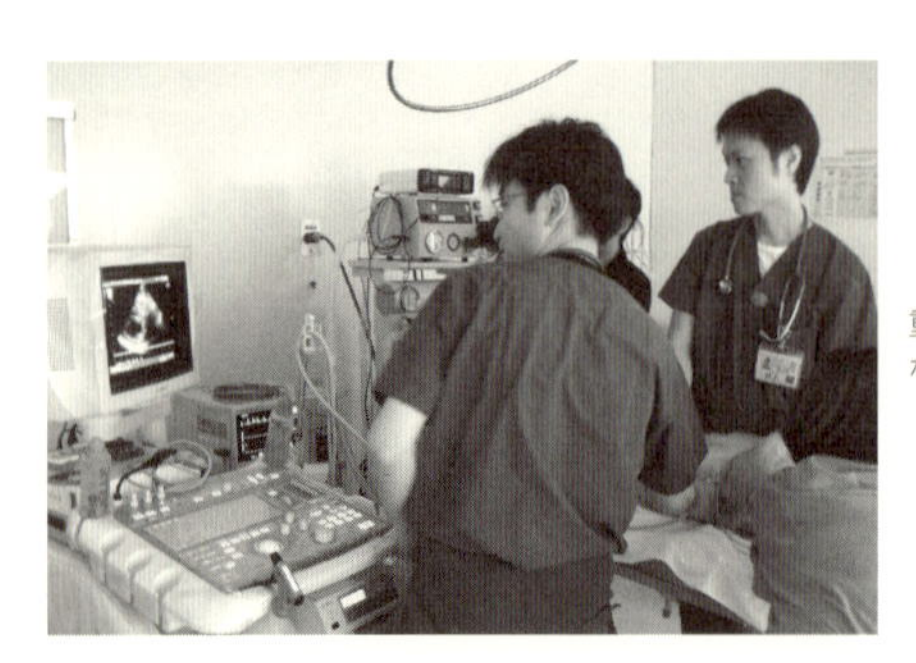

重要な医療機器がそろい、本格的な診療ができるようになった。

第９章　二代目の苦労

２００９年12月、藤井の後任として代表に就いたのは吉池正喜。１９６５年生まれ、藤井より３歳年下の44歳だった。

吉池が獣医師を目指したきっかけは、愛犬が死を迎えるまで全力を尽くしてくれた獣医師との出会いだった。吉池が高校生になるころ、かわいがっていたシェットランド・シープドッグが体調を崩し、吉池は治療のために動物病院へ通うようになった。やがて愛犬は天国へ召されたが、それまで熱心に診てくれた獣医師の姿を見ていて、自分も動物の命にかかわるこの仕事に就き、生涯をかけて突き詰めてみたいと思うようになっていた。

獣医大学へ進学することを決めた吉池は、高校卒業後に北里大学へ入学した。１年生の講義は神奈川県相模原市にあるキャンパスで行われたが、２年生から卒業する６年生までの５年間は青森県十和田キャンパスでひとり暮らしをしながら勉強に励んだ。

横浜の中心部で生まれ育った吉池にとって、そこに広がる大自然は圧巻だった。キャンパスは十和田・八幡平国立公園の麓に位置し、東京ドームが４個すっぽり入ってしまうほどの広大な大学付属の農場を有していた。牛や馬など大動物の研究も盛んに行われ、吉池は卒業に向けた研究論文のテーマに牛の繁殖を選んだ。

十和田キャンパスの周囲には、繁華街など学業に打ち込むことの妨げとなるものは何もなかった。そんな環境の中で、ゆったりと勉強に取り組んだ５年間を過ごした。そして卒業後は横浜市に戻り、市内の動物病院に勤めて臨床経験を積んだ。

吉池家は明治から代々横浜市神奈川区三ツ沢に居を構え、長男である吉池もこの地元に深い愛着を持っていた。そのため、3年間研修医として働いた後、三ツ沢で動物病院を開業した。開業から10年が経ったころのこと。吉池は以前から抱いていた思いを実行に移したいと考えるようになっていた。

「獣医師として専門の知識と経験を生かして社会に貢献していきたい」

ちょうどそのとき、夜間動物病院の現職の理事から吉池に打診があったのだ。

「私の代わりに次の理事の仕事を引き受けてもらえませんか」

理事を辞めるときには、誰か代わりの人間をひとり連れてこなければならないからだろうと、吉池は謙虚に受け止めていた。それでも横浜にいる200人を超す開業医の中から、自分を選んでもらえたことはとても光栄なことだと感じて引き受けた。

このとき夜間動物病院は、まだ開業2年目。どのような病院にしていくのか手探り状態にあった。

吉池は理事の仕事のほか、10日に一度は輪番の仕事も引き受けた。開業医としてのスキルがあったため、経験から得た診療方法をスタッフに教えるときもあれば、逆にスタッフから救急の治療法について学ぶこともあった。患者のいないときには和気あいあいとした雰囲気の中で、これからの獣医療や自分たちの使命について深夜まで語り合っていた。

理事を務めて3年が過ぎるころ、この病院の代表を引き継いでほしいと藤井に頼まれた。

「夜間動物病院をやっているのは当たり前の状況になってきました。今度は吉池先生の力で病院を次のステージに導いてください」

黒字は少ないながらも、経営は安定してきていた。藤井の下で理事をしていたときには、まだ病院を作っていく段階で、アイデアを出し合って何とかみんなで病院を軌道に乗せようとしていた。自分ひとりではできないことでも、みんなの力を合わせれば形になっていく充実感があった。

その病院を今度は自分が引っ張っていくことになる。(自分にこの大役が務まるだろうか)と不安は強かったものの、地域の獣医療の質を向上させるための役に立ちたいという気持ちが強く、吉池は代表に就任した。

「せっかく築き上げた病院の信頼と評判を自分の代で落とすわけにはいかないし、決してつぶすようなことがあってはならない」

何をやるべきか、何からやっていったらいいのか。霧の中をさまようような日々が続いた。

この病院の代表になってみると、改めて自分の病院のスケールとの違いを感じた。自分の病院は同じく獣医師の妻と動物看護師とでやっていたが、ここのスタッフは総勢30人。社会的な責任は重く、出てくる問題も自分の病院とはまったく質が異なっていた。さらにここで働くスタッフの生活を、責任を持って保障しなければいけない。だから無茶なことはできないが、病院は大きくしていきたい。

新たな事業を起こして成功する人物は、多くの場合、才能と豊かな創造力、そして人を引きつけるカリスマ性を持っている。藤井もまたそういう人物だった。その一方で、吉池は藤井とは正反対の人間だと自分を冷静に分析していた。藤井と同じではなく、自分のやり方で組織を引っ張っていこうと開き直った。

吉池を支える理事たちは、豊かな発想力と行動力のある優秀な人間がそろっていた。だから、みんなが出した活発な意見をまとめて、実行に移していけるようなリーダーを目指した。

藤井は誰もなし得なかった夜間動物病院を設立した。昼間には高度医療を必要とする動物を治療する二次診療センターも開設して、獣医療に太い杭を次々に突き刺して礎を築いた。

吉池はその太い杭をうまくつなぎ合わせて広げていくことで、藤井のいう「次のステージ」に導けるのではないかと思った。この動物病院が一般の開業医では手に余る動物の受け皿となり、さらにお互いの動物病院が車の両輪のように機能することで地域の獣医療は発展していくことができるはずだ。

これからの社会で、この病院が果たすべきことは何か。吉池が描いた未来図はふたつあった。

まずは人材の育成。

「たくさんの症例を診られるこの環境を最大限に生かして、専門医を育てられる病院にしていこう」

昼間の二次診療センターでは総合診療科、整形外科、皮膚科、神経科、眼科、循環器科、行動科などそれぞれの科ごとにさまざまな症例を専門的に数多く診て、手術は年間５００件以上行われていた。

2011年6月には病院の名称が「横浜夜間動物病院」から、夜間診療を行う「救急診療センター」と日中に専門医による診療を行う「二次診療センター」を併せ持つ「DVMsどうぶつ医療センター横浜」に変更された。

日本国内の獣医師は毎年1000人ほどのペースで増え続けている。犬や猫などを診る小動物臨床の希望者が多いために、10年後には一般の動物病院は飽和状態になるともいわれている。獣医師が増え続けているにもかかわらず、重篤な症状の患者を受け入れる病院の数はまだまだ足りない。

「広範囲の知識を持つジェネラリストよりも、ある分野に専門的な知識が豊富なスペシャリストが必要とされる世の中になる」

ペットの数は右肩上がりに増え続け、飼い主が求める医療の質も高まっている中で、専門獣医を育てる必要性を吉池は強く感じていた。

アメリカには救命救急学会があるが、日本にはない。大学の教授らと研究会を作って学術的に取り組んで、ここの病院から論文や情報を発信していくことができれば、患者の治療にあたることに加えて若者たちを育てる教育機関としての役割も果たすことができるはずだ。

「メジャーリーガーを連れてきてチームを強くするのではなく、将来はこの病院で育てた獣医師たちでチームを組めるようにしたいね」

2011年には、動物病院の名称が「DVMsどうぶつ医療センター横浜」に変更された。

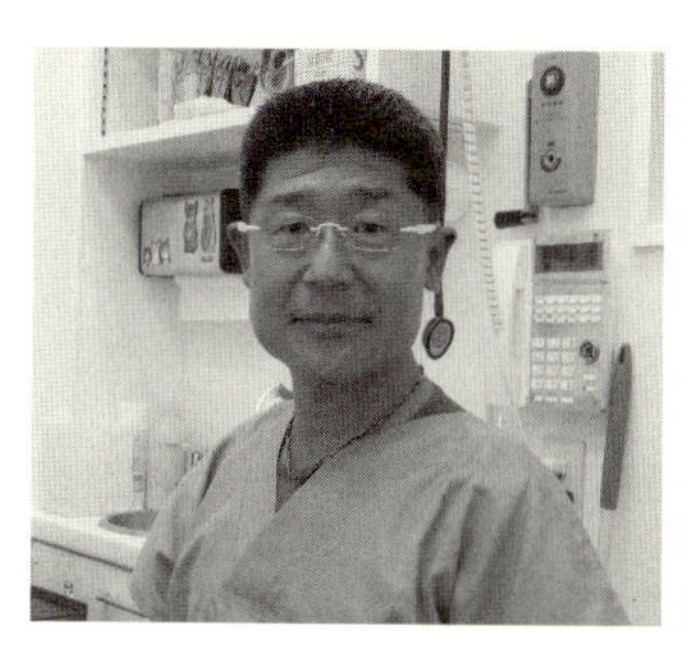

藤井の後任として代表の重責を担った吉池正喜。

吉池は、藤井からこんな夢を託されていた。獣医学部を卒業した若者たちが、高い専門性を持つこの動物病院の獣医師のもとで数年間の研鑽を積み、やがて彼らが専門獣医として各科を背負っていく。そして今度は彼らがここで研修医となる若者たちに教えるのだ。綿々と続く人材育成の流れを作り、その人の将来が有意義になる医療施設を作る。

また、専門的な診療技術を身につけた獣医師たちがここから巣立てば、どこかの地で二次診療センターや夜間救急病院を立ち上げることも可能になるだろう。人を育てることはこの病院を発展させるだけではなく、日本全国の獣医療のレベルを上げることにも貢献できる。


さらに吉池は、スタッフのコミュニケーション力を養うセミナーを開いた。夜間動物病院の患者は、ほとんどが初診だ。飼い主との信頼関係を築く間もなく、命を左右する手術の説明を始めなければならないケースも多い。第一印象は大切で、飼い主に余計な不安を与えてしまうと、その心の隔たりをなくすという余計な仕事が生じてしまう。

飼い主とうまく信頼関係を築くノウハウは、大学の獣医学部では教えてもらえない。コミュニケーションスキルは教えてもらうものではないかもしれないが、救急の現場は特異な環境にある。だから治療技術をアップさせるのと同様にコミュニケーションスキルを磨くことで、獣医師は仕事への不安がなくなり自信を持って治療にあたれるはずだ。コミュニケーション力は、話のできない患者の異変に対して、飼い主とのやりとりの中から病気の原因を導き出すための大切な能力でもあった。

そして、人材の育成のほか医療設備の充実にも力を入れた。開腹手術をしなくても、病巣を確かめることができるCTの導入で、この病院の診断能力は大幅にアップした。動物と人間との関係がより密接になるにつれ、飼い主たちの高度医療を求める声はさらに高まっていた。

大学病院では、脳や脊髄をはじめとする診断に大きな力を発揮するMRIを導入していたが、高額な医療器具のため個人の病院で導入しているところはほとんどなかった。MRIは強い磁気と電波を利用して、体内のあらゆる断面の画像を撮影することができる。CTのようにX線を使わないため、放射線被ばくもない。とくに脳や腰椎、頸椎、胸椎の撮影に優れ、シニアのダックスフンドやウェルシュ・コーギーなどがかかりやすい椎間板ヘルニアの診断にも威力を発揮する。腹部は正常組織と病変部の違いを濃度のコントラストにより確かめることができた。

この動物病院でも、絶大な診断力を発揮するMRIの導入を決めた。二次診療センターの整形外科で神経部門を担当していた獣医師の中島裕子を中心とした脳神経科を新設し、MRI導入に向けた素地が固められた。

しかしMRIを導入するには今の施設では手狭だったため、もっと広い場所に移転するための物件探しが始まった。不動産業者からの連絡があると吉池や理事たちはすぐに内見に行ったが、希望を満たす条件のものにはなかなか出会えなかった。期待に胸を膨らませて出かけては空振りで帰ってくることが1年ほど続き、何も進展がないまま2013年の年の瀬も迫っていた。（来年は病院が設立してちょうど10年だなあ)。そう考えていた吉池のもとに、朗報がもたらされた。

「おたくの病院の隣の倉庫が空くんだけれど、そこはどうかな」

吉池はすぐに不動産屋に出向いて、その場で契約を結んだ。隣ならば現在の病院の機能をそのまま生かすことができる。新病院と回廊でつなげば現在の病院の施設も使えるため診療スペースは倍増し、MRIを搬入するのに十分な広さも確保できる。

新病院には麻酔器3台、超音波検査装置2台を新たに購入して、診察室を7室、手術室を4室設け、さらにリハビリ室、屋根つきのパドック、そして今まではなかった入院用の大型の犬舎など充実した設備をそろえた。

隣地ではあったものの、新病院の建物に病院機能を移すとなると、多くの機器を運ばなければならない。どうしても数日かかってしまうこの引っ越し作業を、吉池たちはたったの半日で終わらせることに決めた。

「夜間病院の灯を1日でも消したら、この病院の意味がない」

これは夜間の救急診療に携わるものたちの矜持だった。

2014年9月、夜間診療を終えた午前9時。青空のもとで引っ越し作業はスタートした。吉池や理事たち、病院スタッフのほかにも会員の動物病院の獣医師たちが引っ越し作業を手伝いに集まってくれた。日ごろかかわりのある多くの業者の人たちも駆けつけてくれた。人海戦術で新病院に次々に機器などが搬入されていった。

日が沈みあたりが薄暮に包まれると、新病院の駐車場入口にある看板に明かりがともった。

「ＤＶＭｓどうぶつ医療センター横浜」

引っ越し作業に汗を流した人々の拍手と歓声がわき上がった。今日も休むことなく救急病院としての使命を果たすことができることを、吉池は誇らしく思った。そして何より新病院の開院に向けて尽力してくれたすべての人たちに感謝した。

高度医療機器を誰もが身近に利用できるように、会員の動物病院に通っていなくても、ＭＲＩ検査を必要としているすべての患者を受け入れた。大学病院ではＭＲＩ検査をするためにかなり前から予約を入れる必要がある。しかしこの病院では、受け入れる用意ができればすぐにＭＲＩ検査をすることができた。

どんなにすばらしい医療機器をそろえてもそれを使いこなせる人間がいなければ宝の持ち腐れだ。だからＭＲＩの能力を最大限に活用できるように、専門的な知識と画像診断力を持つ獣医師がその任にあたった。


ここには初めて来る飼い主ばかりなので、第一印象はとくに大切だった。動物病院の建物を見てスタッフの技量をマイナスに推し量られてしまうと、スタッフたちは信頼を得るための無駄な労力を必要としてしまう。（この病院で大丈夫なのか）と思わせてしまうようでは、しっかり診療しても不安を与えてしまう。せっかく紹介してくれたかかりつけの先生にも申し訳ない。

きちんとした技術を持った獣医師がいて一流のサービス精神を有した動物看護師がいることはもちろんだが、動物病院としてある程度の面構えも必要だった。それを整えることのできるのは現場のスタッフではなく自分の仕事だと吉池は考えていた。

やらなければならない仕事は際限なく、吉池は寝る時間を削るしかなかった。役員会は10日に1回だったが、スタッフから「医療機器の調子が悪い」、「変な人が来て困っている」など連絡が入ればすぐに駆けつけ、スタッフが治療に専念できるように掃除や印刷紙の補充などの雑務も引き受けていた。自分の病院には休診日があったが、夜間動物病院は年中無休。そのため自分の病院の診療が終わると、ほとんど毎日夜間動物病院へ出かけ、帰宅はいつも深夜0時過ぎになっていた。

「今日は行かなくてもいいの?」

夜に珍しく家にいるときには、妻にそう聞かれるほどだった。ハードな生活の中でも、吉池は今までにはないやりがいを感じていた。

DVMsではレントゲンやCTなどの写真は、すべてデジタルデータになっているため、パソコンに取り込んでモニター上に出して飼い主に説明している。ワンクリックで複数の写真を切り換えたり並べたりできる。少し前までレントゲン写真は、蛍光灯の発光を備えた「シャウカステン」と呼ばれる機器にかざして見ていた。医療現場は、絶えず進化しているのだ。

診療経過もパソコンに打ち込んでおけば、時系列順にひと目で確認できるようになっていた。

吉池は仕事がオフの日には、横浜駅前にある大型家電量販店へ通っていた。地下1階から7階までいろいろな電化製品をゆっくりと見て回るのが好きだった。吉池の趣味の知識は、夜間動物病院のデジタル化にひと役買った。

誰もが身近に利用できる二次診療センターを目指しながら、その治療レベルは年々高くなっていた。腫瘍科や血液内科も増やしていきたい。とくに血液を診られる専門医がいれば、白血病やリンパ腫など抗がん剤を使う動物を受け入れることができる。もちろん専門獣医でなくても診られるが、症状が重篤な場合にはやはり専門性のある獣医師の力は大きかった。

吉池が代表を務めた5年間は診療科とスタッフを増やし、さらに人材の育成に努め、人の医療に近づくほど医療設備を充実させた。

49歳になった吉池は、動物病院を次の世代にまかせようと決めた。50歳に近づいてくると、自分ではまだまだできると思っていても気力と体力の乖離が始まる。自分の動物病院のほかにこの動物病院を運営していくことは、精神的にも肉体的にも大変なことだった。

また組織の代表を長くやっていると妥協が増え、何か新しいことに挑戦するよりも、今、これでいいなら無難にこのままで済ませようというふうになってしまいがちだ。古い制度や仕組みを守ろうという風土が強くなると、停滞感や打算が生じて組織は衰退の道へと転じていく。

ここは個人の動物病院ではない。経営する人たちがこまめに変わって、よりよいものを作り上げながら病院を成長させていく。自分で作り上げたものは変えることが難しいけれど、新しい人が入って新鮮な風を送り続けていけば時代に合ったものに変えられる。社会のニーズに応える病院であり続けてほしいという願いを込めて、２０１４年12月、吉池は5年間務めた代表から退いた。

（上）新動物病院の外観。（下）右手前の旧動物病院とは回廊でつながっている。

新動物病院の受付。清潔感と明るさの感じられるつくりだ。

レントゲンも完全にデジタルデータ化された。

大学病院にしかなかったMRIを導入し、必要とするすべての患者を受け入れた。

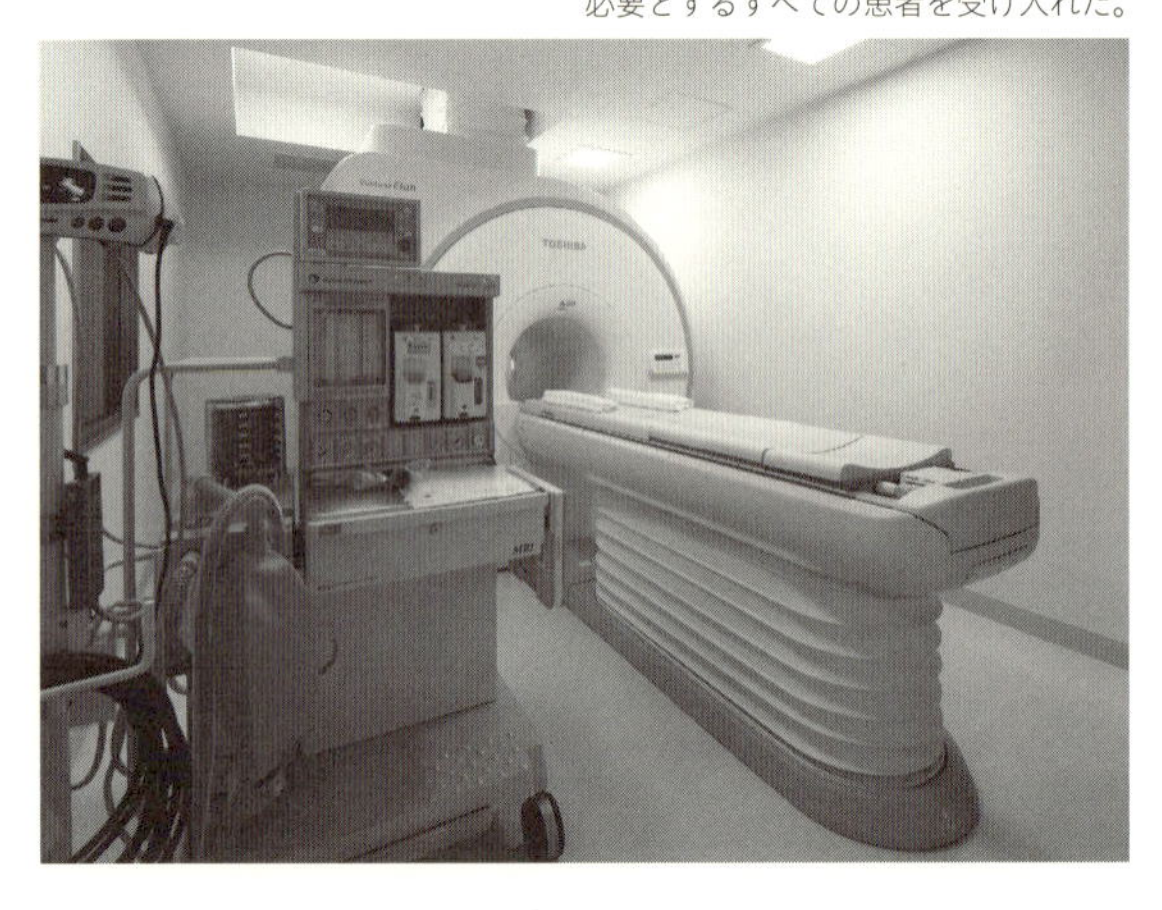

第10章　新動物病院の現場から

ハッピーマンデーのこの日は、いつにも増して忙しくなる気配があった。祝日の昼間は、多くの動物病院が休診になるからだ。

午後7時

診察が始まった。新しい病院の広くて明るい待合室には、うれしそうに顔をほころばせて何かを待つ中年の夫婦が座っていた。医長の杉浦洋明に連れられて、診察室からゴールデン・レトリーバー（7歳／オス）が出てきた。飼い主を見つけるとしっぽを左右に激しく振って、「クウーン」と甘えた声を出した。

運び込まれてきたときと比べると、想像もできないほどの回復ぶりだ。大型犬舎に数日間入院して見違えるほど元気になっていた。

この犬は、胃捻転で運ばれてきた。お腹は膨れ、呼吸困難に陥りショック状態になっていて、緊急手術を受けられなければ命を失うところだった。

「本当にありがとうございました」

うっすらと目に涙を浮かべてスタッフに礼を述べる飼い主。愛犬をギュッと抱きしめると、しっかりとした歩調の犬とともに幸せそうに帰っていった。

「よかったな」

杉浦にとって、健康を回復した動物を見ること、そしてその姿を喜ぶ飼い主を見ることは、何よりの喜びだった。

杉浦は医長として、この病院の夜間救急診療の現場をまかされている。医長という肩書を聞くと中年の獣医師を思い浮かべそうだが、杉浦は実直な34歳の獣医師だ。昼間に別の動物病院で勤務医として6年間働いた後、ここへやってきた。医長をまかされるだけあって臨機応変に対応できる判断力、経験を通して培ってきた確固たる診断力を備えていた。

午後7時30分

愛らしい表情の柴（2カ月／オス）が飼い主に抱きかかえられてきた。昨日家に迎えられたばかりだという柴の子犬は、居間のソファの背もたれにのぼり、勢いよく飛び降りてしまったそうだ。レントゲンを撮ると、右後ろ足を骨折していた。

「キャンキャンキャンキャンキャン！」

甲高い鳴き声を病院内に響かせながら、すばやく包帯を巻かれた。やんちゃな柴の子犬は、しばらくの間、自宅のケージの中でおとなしく過ごさなければならなくなった。傷口をなめないように透明のエリザベスカラーを装着されると、何とかして外そうと懸命に首を振った。

16世紀イギリスのエリザベス朝時代に流行した衣服の襟の形から名づけられた半円錐の保護具は、名前のような高貴な雰囲気を醸し出すことはなく、短いメガホンの奥に顔があるように見えて、少し滑稽な印象を与える。しばらく格闘してみたが取れないとあきらめた柴は、このエリザベスカラーをわずらわしそうにしていた。治るためにはこれも仕方がない。

午後8時

人間のイボを取りのぞく絆創膏タイプの治療薬を飲み込んだというイタリアン・グレーハウンド（3カ月／オス）が連れられてきた。絆創膏には皮膚の角質軟化溶解作用のあるサリチル酸が塗布されているため、時に重度の胃腸炎を起こすこともある。そのままにして排泄物と一緒に出てくるのを悠長に待っているわけにはいかない。催吐処置の必要があった。

動物に吐き気を催させる薬剤として代表的なものはオキシドールだ。獣医学の教科書にも書かれていて、短時間で確実に嘔吐を誘発させる。しかし口からうまく飲ませるのは簡単ではなく、飲み込んだものを吐くことができたとしても、オキシドールによって胃の粘膜が荒らされてしまう。誤飲したものを吐き出してもしばらくは吐き気が続き、すぐには家へ帰すことはできない。

杉浦は診察室の奥にある横長の広い処置室へ患者を連れていくと、オキシドールを使わずに、犬の前足の静脈に透明な液体を注射した。保定をしていた動物看護師がお腹を数回さすると、2、3分後には体を大きく波打たせるようにして「ウゴッ、ウゴッ、ウゴッ」と3回吐いた。吐き出されたドッグフードの中に、絆創膏を見つけた。

「これでもう大丈夫だ」

頭をなでられたイタリアン・グレーハウンドは、何事もなかったかのようにしっぽを振った。

た。

しばらく犬舎で休むと、細身の体躯を飼い主に寄り添わせるようにし、軽快な足取りで帰っていっ

杉浦はすっきり吐いて涼しい表情をしている犬に、すばやく点滴をつないで犬舎の中へ入れた。

「もう少ししたら帰れるからな」

杉浦が使ったのはトラネキサム酸の溶液だ。人間の使う歯磨き粉にも入っている成分で、止血や抗炎症の作用がある。トラネキサム酸を静脈に注射するとかなりの確率ですぐに嘔吐することが獣医師の間では経験的に広く知られている。ただしどうして催吐が起こるのか、そのメカニズムははっきりとはわかっていない。

「ＳＴＯＰ誤飲プロジェクト」を立ち上げて啓発活動に力を入れているアニコムグループでは、麻布大学の折戸謙介教授と２０１３年から共同研究を行い、トラネキサム酸による催吐処置の有効性と安全性を示す研究を進めている。

内視鏡でなくても取り出せるときには、催吐処置を行う。催吐によって取り出すことができれば、動物の体に大きな負担をかけずに済む。

誤飲をしたものの形状や物質に問題はなくても、催吐処置ができないケースもある。神経障害や昏睡を起こしている動物は、吐いたものが誤って気管内に入る誤嚥により窒息死や肺炎を引き起こす危険性がある。杉浦は誤飲で来院する多くの患者たちに対して、細心の注意を払いながら

骨折で来院した柴の子犬。獣医師と動物看護師が手際よく包帯を巻いていく。

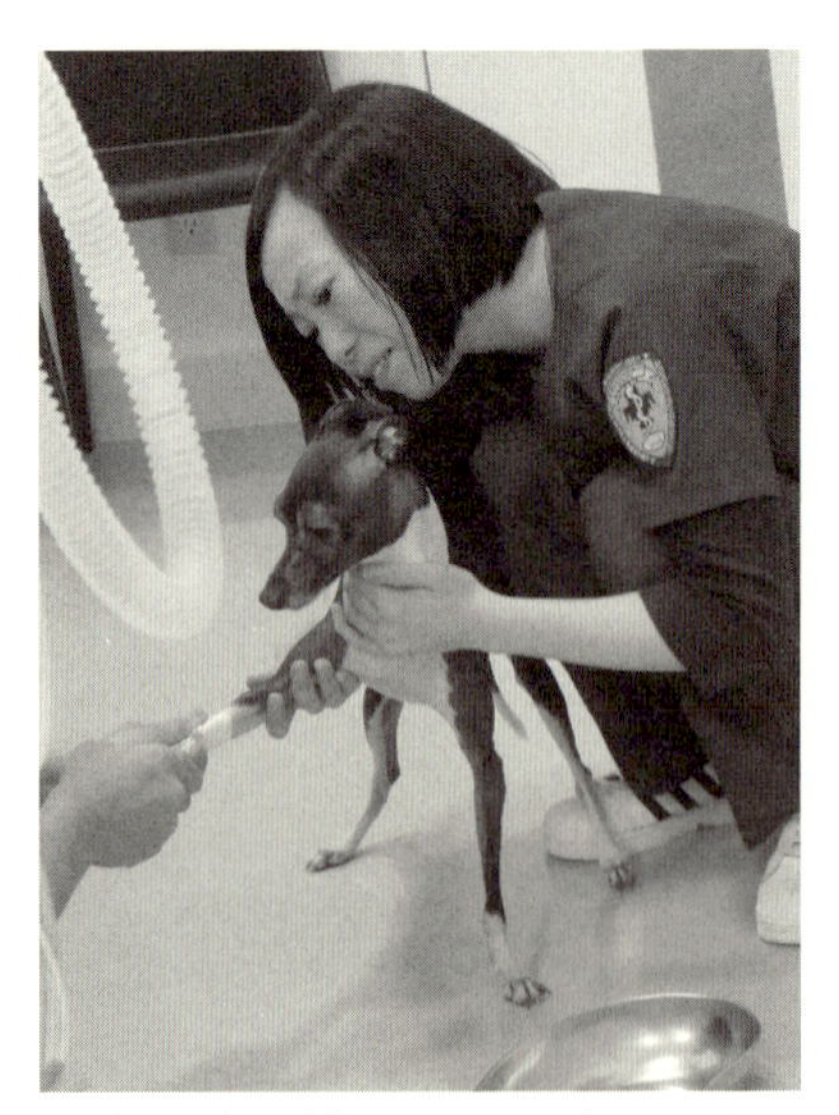

絆創膏タイプの治療薬を飲み込んでしまったイタリアン・グレーハウンドには、催吐のため注射を行う。

最善の方法で治療を行った。

午後8時30分

「陣痛が始まって間もなく2時間になるのにお産が始まらないんです。どうしたらいいですか」

チワワの飼い主からだった。超小型犬は難産になることが多い。飼い主が近くの動物病院に連絡したところ、夜間は帝王切開の手術はできないと断られてここを紹介されたという。電話口の飼い主には、母子ともに危険な状態にあるため、すぐに来院するようにと伝えた。

「第1手術室に帝王切開手術の準備をお願いします」

獣医師の指示を受けた看護師たちはすぐに手術室を消毒し、帝王切開に必要な手術器具を慣れた手つきで準備した。この動物病院で手術が行われるのは、特別なことではない。中でも多い手術は胃捻転、子宮蓄膿症、帝王切開で、どれも朝まで待てない急を要するものだ。

午後9時

電話のベルが次々に鳴った。9時2分、5分、14分、23分、28分、35分、43分、53分、56分、58分。わずか1時間の間に10件の連絡が入った。診療をしながらでも電話にすぐ出られるように、受付にある電話のほかにも壁掛けのコードレス電話が病院内には5カ所に備えつけられていた。

「爪が折れた」

「夕方から吐き続けている」

「ケンカをして眼球に傷がついた」

ペットの様子を心配する飼い主からの電話が絶え間なくかかってきた。ほかの病院が開いていないこの時間では、このままにしておいて大丈夫なのか素人では判断ができない。飼い主の不安な声が電話を通して伝わってくる。

今では開業時のように、スタッフは相手の言葉を繰り返してその場で情報を共有することはしない。現在の動物病院は診察室や処置室が壁で区切られ、その方法が有効ではなくなった。電話を受けたスタッフが、これから来る動物の症状をそれぞれのスタッフに伝えて回る。

看護師長の原　英子が、手際よく電話応対をしていく。ていねいに症状を聞いて緊急性があるものには来院をすすめ、そうでないものは症状に変化があるまでは様子を見るようにと伝えた。そして翌朝には、必ずかかりつけの獣医師に診察してもらうようアドバイスした。

「でも心配で診てほしいと思ったときには、遠慮なく連れてきてくださいね」

原はそう伝えて、飼い主の不安が少しでも和らぐようにしていた。来院してもらわなければ、この病院の利益にはならない。しかし不要に来院させて、飼い主や動物に負担をかけさせたくはなかった。何よりも飼い主の不安を取りのぞくことがいちばんなのだ。

「夜遅くにどうしていいかわからなかったから、相談できてよかった」

飼い主が電話口の向こうでホッとしている様子が伝わってくる。開業当時から変わらないこの考え方が、原の対応に現れていた。

原は動物病院が開業した1年後の、2005年からずっとここで働いている。開業スタッフの葉山や田村、辻たちとも一緒に働いてきた。働き始めたころはまだ動物看護を学ぶ専門学校の学生だった。土日はテーマパークのアルバイトをして、平日の夜にはこの病院で雑用の仕事をしていた。専門学校を卒業すると、この病院の動物看護師として採用された。

動物看護師として働くことは、アルバイトのときとは大違いだった。

「社会人として早く一人前の看護師にならなければ」

動物看護師が担う責任の重さを毎日痛感させられる日々を過ごす中、原はストレスで胃がやられた。仕事を終えると、自分が点滴をしてもらうために病院へ通っていた。

社会人2年目が終わるころ、ようやく仕事にも慣れて体調管理のコツもつかめてきた。疲労を回復させるための健康法も見つけた。それは耳栓をして遮光カーテンの部屋で、休日に20時間通して寝るというものだ。原の明朗で物事を前向きに考える性格も、この病院で長く働くことができた要因となった。

健康を維持することは、夜間に働く者にとってたやすいことではない。動物病院を運営する理事たちはこの仕事の大変さを認識していたため、現場で働くスタッフの健康にはとくに配慮していた。4日間働いて3日間の休み。余計な残業はさせない勤務体系を徹底して、スタッフが健康を維持できるように努めた。スタッフが健康でなければ、動物たちを健康にはできないという考えが根底にあった。

この病院のスタッフになることを希望するのは、救急の現場で動物たちを救いたいとの思いを持つ志の高い人たちだった。しかし現場に立ってみたときに、その気持ちとは裏腹に体力がついてこないと、大きなストレスを受けて体を壊してしまう。

「なぜ自分にはできないのか」

こう自分を責めて、3カ月も続かずに辞めていく人も多い。自分のふがいなさを責める姿は、傍から見ていて気の毒だった。

原は、この病院が進化していく様子を現場で目の当たりにしてきた。「年中無休」で始まった夜間病院は、診察時間が翌朝の5時から9時までに延長され、夜間や早朝の無獣医の時間帯がなくなった。さらに昼間には二次診療センターが開業して高度医療を身近に提供できるようにした。昼間の診療を始めたことにより、夜間の患者をそのまま入院させておけるようになり、重篤な場合には二次診療センターと連携することができた。

最初は持ち寄りだった医療設備が次々に整えられ、医療水準も向上していった。CTやMRIなどさまざまな先進医療機器の導入で、以前は夜間の救急ではやらなかった難しい手術も今では普通に行うようになっていた。来院する患者の数が3～4倍ほどに増え、多くの症例を診療することはスタッフのレベルアップにつながった。

午後9時10分

なかなか出産の始まらないチワワが運ばれてきた。獣医師の永滝春菜がその診察にあたる。母犬の血液検査をし、暗室にもなる第4診察室でエコー検査を行った。すると子宮の中には、4頭の胎子がいることがわかった。

「あっ」

診察中に母犬が破水した。ビショビショに濡れた診察台を動物看護師にまかせて、永滝は母犬を抱きかかえて手術室へ向かった。

永滝はこの病院に勤めて7年目になる女性獣医師だ。同じ獣医師でも杉浦にはどこかほのぼのとした雰囲気があるが、永滝が醸し出しているのは凛とした強さだ。

この病院の一話完結型の治療に、永滝は続編のない物足りなさを感じている。それでも行き場がなく困り果てた飼い主と動物たちに、闇夜を照らすひと筋の光のような希望を抱かせられる存在でいたいという強い信念のもとに働いた。

永滝は日々の生活で気をつけていることがふたつある。ひとつはコミュニケーション力を磨くこと。どんなに診断力や技術力を培っても、初対面の飼い主から信頼されなければ、大切な動物を安心して預けてもらえない。

もうひとつは健康管理。永滝は以前、夜間救急の仕事の大変さについて、冗談交じりにこういわれたことがあった。

「3年やると体を壊して、5年やると精神がやられる」

当たっているとはいえないが、体と心への負担が大きいことは事実だ。だから食事は適当でも睡眠だけは十分にとるように気を遣った。

第1手術室の準備は整っていた。永滝は水色の手術用ガウンを身につけた。手術は毎日ある。昨夜は胃捻転の犬を執刀した。

手術には執刀する獣医師に加え、麻酔を担当する獣医師がひとりつく。その任にあたった杉浦は、必要最小限の影響だけを及ぼす麻酔量でチワワを眠らせた。

帝王切開手術が始まった。

杉浦はチワワの様子を見ながら、手術麻酔モニターに目を配る。モニターには心電図・心拍数・呼吸数・血圧・体温、血中の酸素濃度や体内の麻酔薬の濃度などが表示されている。全身麻酔は100%安全というわけではないが、手術をする上では欠かせないものだ。きちんとした麻酔管理を行えば、その危険性を最小限にすることができる。そのため手術をする獣医師のほかに麻酔を担当する獣医師、手術助手の動物看護師らの複数の目でモニターを監視しながら、変化に迅速に対応できるような体制で常に手術を行っていた。

動物看護師の三浦明日香が手術補助についていた。動物看護師としてのキャリアは11年で、この病院で働き始めて1年半になる。動物看護師としての技量を高めたいと、三浦は進んで手術のサポートにつく。手術では、「先を読む力」が養えるからだ。獣医師の動きを予測するとともに、想定されるあらゆることに即座に対応できる準備もしておく。準備ができていれば、臨機応変に迅速で的確な対応ができる。

三浦はこの2日間で、3件目となる手術の助手を見事にこなしていた。獣医師の次の動きを予測して、そろえておいた手術器具に手を伸ばし、獣医師が必要とした瞬間に手元に渡す。無駄のない動きが手術のスピードを上げていく。

永滝が赤ちゃん犬を、純白のタオルを広げた動物看護師の手に渡していく。110gの女の子1頭と、140gの男の子が2頭。最後も男の子で、体重は168gといちばん大きかった。動物看護師が細いチューブを口の中に入れ、気道の中に詰まった液体を取りのぞく。4頭は小さな箱に入れられると「ミャーミャー」と元気に鳴いた。

手術開始から30分後に縫合を終えると、母犬が目を覚ました。帝王切開では、母犬の母性が目覚めるまでに時間がかかる心配があるが、4頭の母親になったチワワにその心配はなさそうだ。子犬たちが乳首に吸いつきやすいように、母犬は手術の傷をものともせずに体を横たえてお腹をさらした。

しばらくして飼い主の女性とその娘が処置室にやってきた。

「がんばったね、がんばったね」

ICUの中の母犬にねぎらいの言葉をかけて、満面の笑みを浮かべたふたりは産箱をじっと覗き込んでいた。

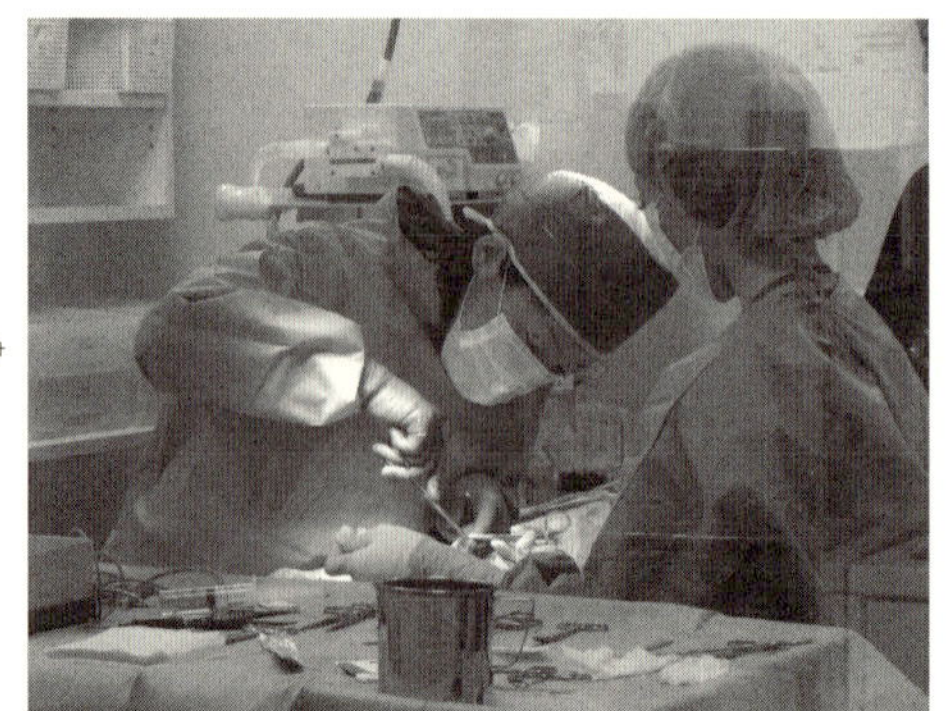

チワワの帝王切開。一刻を争う手術のひとつだ。

生まれた子犬は動物看護師が受け取り、タオルでていねいに拭いていく。その愛らしさに、思わず笑顔。

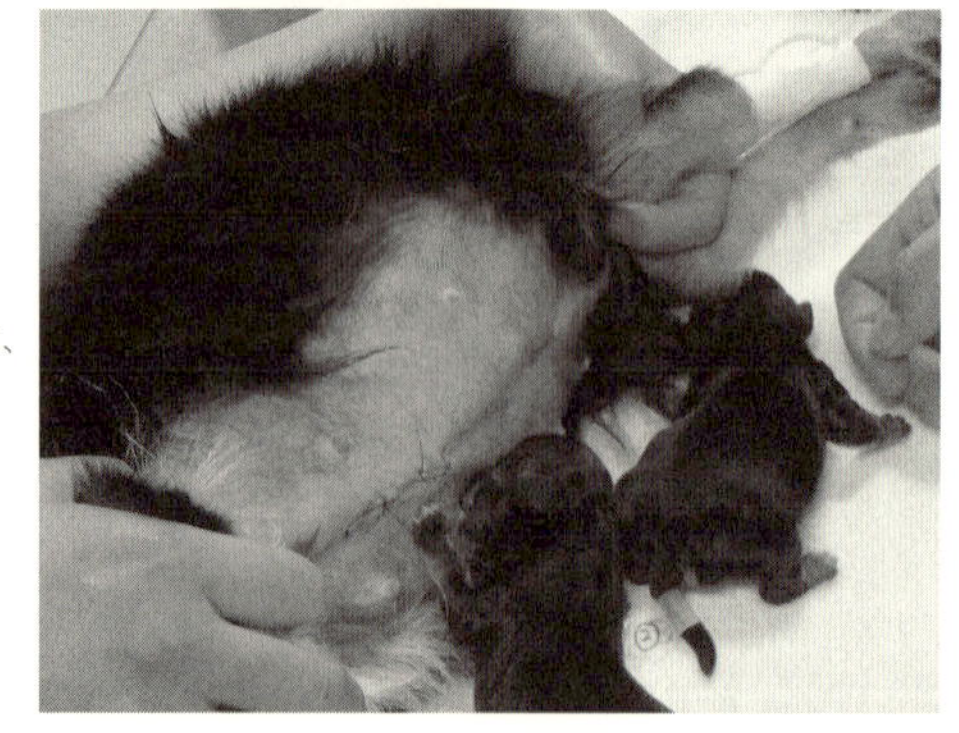

無事生まれた4頭の子犬に、さっそくお乳を与える母犬。

「みんな元気ですから安心してください。ここで少しゆっくり休ませてあげましょう。朝6時に迎えに来てください。新しい家族が増えてにぎやかになりますね」

午後10時30分

電話が鳴った。ミニチュア・シュナウザー（10カ月／オス）がソファから落ちて頭を打って起き上がらなくなり、呼吸が弱々しくなっているという。30分ほどで病院に到着する急患を迎えるために、動物看護師たちは今いる患者の診療と並行しながら、第6診察室に心肺停止の場合に備えて必要な器具を準備した。

午後10時45分

遅番にあたっていた獣医師の山田淳詞と動物看護師1名が出勤してきた。患者が多いことが予想されたこの日は1時間の早出だ。これで獣医師3名、動物看護師4名がそろった。

スタッフの勤務パターンは3通り。早番は夜7時から翌朝4時で、獣医師1名と動物看護師2名が担当する。中番は獣医師1名と動物看護師1名で、夜9時から翌朝6時まで。遅番の獣医師1名と動物看護師1名が午前0時から翌朝9時まで勤務し、入院患者を二次診療センターのスタッフに引き継ぐ。

午後11時

診察室の裏にある処置室には、病院の駐車場と待合室を映すモニターが壁にかけられていた。そこにワンボックス車を玄関に横づけして、後部座席から動物を抱いて駆け込んでくる女性の姿が映し出されていた。それを見たスタッフのひとりが待合室に走っていった。連絡のあったミニチュア・シュナウザーだった。

「家を出たらすぐに車の中で泡を吹いて、動かなくなってしまって……」

すぐに第6診察室に通した。心臓も呼吸も停止している。

杉浦と山田で、心臓マッサージと人工呼吸を繰り返す。飼い主の話から心肺停止状態からすでに20分経過していることがわかった。心肺機能が停止して10分を過ぎると蘇生できる確率は極めて低いといわれている。

「ねえ、起きて、起きて、起きてよ。明日もお散歩に行こうよ!」

一緒に来ていた幼い女の子が必死に呼びかける。懸命の処置を続けたが、心臓が再び動き出すことはなかった。飼い主の祈りは届かなかったのだ。

スタッフたちにとって、いちばんつらい瞬間だ。杉浦が天に召されたことを告げると、両親は歯をぎゅっと食いしばり首を垂れた。

「いやー、いやだよー!」

女の子の激しく泣きじゃくる声が診察室に響いた。スタッフたちはみな部屋を出て、家族だけの別れの時間を作った。

言葉にならないやるせない思いと疲労感がどっとスタッフの肩にのしかかった。それでも休んでいる時間はなかった。急患にかかわっている間に来院したほかの患者のもとへと急いだ。

しばらくして、杉浦と山田は永遠の眠りについたミニチュア・シュナウザーとその飼い主のいる診察室へと再び入っていった。杉浦は言葉を慎重に選びながら、死因を説明した。1歳前のやんちゃ盛りの子犬は、ソファから落ちたときの頭の打ちどころが悪かった。

長く病気を患っているペットの飼い主は、死の覚悟もできている。しかし死が突然にやってきた場合には、飼い主は現実を受け入れられないケースが多い。重苦しい雰囲気が診察室に立ち込めていた。動物看護師の今井美奈子が遺体を抱きかかえて処置室へ出てきた。

天国へと旅立つミニチュア・シュナウザーの口まわりについた吐しゃ物をきれいに洗い流し、ドライヤーで乾かしながらていねいにブラッシングをした。ドイツ語で「口ひげ」を意味するシュナウザー。特徴的なその白毛がふわふわになった。今井は30種類ほどの柄のリボンの中から、グレーの毛色に合うものを選んで首に巻く。ミニチュア・シュナウザーは安らかな表情で眠っているようだ。急患の動物が多くやってくるこの動物病院では、「死」が常に身近にあった。

今井は以前、茨城県にある昼間の動物病院で理学療法士としてリハビリを担当していた。しかし2011年3月11日に起きた東日本大震災で被災し、実家のある横浜へ戻ってきた。この動物病院で働き始めたころ、患者の数が多いのにこの人数で対応しているスタッフの技量にいつも驚かされていた。だから自分も主体的に治療にかかわるように努め、検査結果が出れば症状を把握して治療を頭の中で組み立てながら臨んだ。

今井がこの病院に勤務して5年が経ち、自分の仕事だけではなく、病院全体のことも考えられるようになった。救急医療の現場は慌ただしく、ミスも起こりやすくなってしまう。そのため今井が目指しているのは「フラット医療」だ。上下関係がなく、獣医師にもおかしいと思ったことや疑問を遠慮なく聞ける環境ができれば、チームとしてよりよい医療を提供できると考えている。

さらに医療レベルを底上げしていくためには、動物看護師1人ひとりの技量を上げることも大切だと考えて、この動物病院の昼と夜の看護師が参加できるセミナーを企画している。次回の企画は「トリアージ・バイタルチェックセミナー」。大規模な災害の発生時には、ケガをした動物が多数運ばれてくる可能性がある。傷病の緊急度や程度に応じて、適切に治療を行えるように備えておくのがこのセミナーだ。震災を実際に経験した今井ならではの発案だ。

今井は純白の新しいタオルに包んで、ミニチュア・シュナウザーを飼い主のもとへ戻した。

「ありがとうございました」

そう絞り出すように言葉を発する飼い主に、今井はかける言葉が見つからない。ありきたりの慰めの言葉では、飼い主の心に寄り添うことができない。ペットの死に直面した飼い主に会うたびに歯がゆく感じる。だからせめて動物たちの姿をきれいにして、飼い主が最後の別れの記憶を美しく残せるようなお手伝いをしたいという思いが強かった。

午前0時15分

呼吸の荒いフェレット（12歳／オス）がやってきた。山田がその診療にあたる。レントゲンで検査をすると左の肺に大きな影ができていた。肺の中に水が溜まり、酸素と二酸化炭素の交換がうまくできない肺水腫にかかっていることがわかった。

心臓病により肺に流れる血液がうまく循環せず、それが原因で肺水腫になっていたのだ。山田は、呼吸困難で危険な状態に陥らないように利尿剤で肺の中の水を取りのぞきつつ、点滴で状態を安定させていった。フェレットは、特製の黄色い小さなエリザベスカラーをつけられていた。今後の治療について話し合う山田と杉浦を、フェレットはケージの中から静かに見つめていた。

山田は獣医大学を卒業して埼玉県の動物病院で5年間勤務し、1年前からこの病院で働いている。大学生といっても通用してしまうような若々しい外見が、仕事上ではマイナスになることも多い。

「大切なうちの子を、この若造に預けて大丈夫なんだろうな」

そんなふうに飼い主からいぶかしい目で見られることもしばしばある。しかし毎日、さまざまな症例に向き合っている山田は多くの経験を積んでいる。昨夜は子宮の中に細菌感染が起こり、膿が溜まった子宮蓄膿症の手術をして死の淵をさまよった犬を救い出していた。

「昼間の病院で働いたら5年かかることを、ここでは1年で習得できる」

そう実感しながら山田は新たな知識を吸収し、治療技術を向上させていた。

フェレットの平均寿命は8歳ほどだといわれているから、このフェレットはかなり高齢の部類だろう。体にかかる負担も考え、細心の注意を払いながら治療を進めていく。

ここへやってくる動物にも、シニアの割合が増えている。高齢化問題は人間社会だけではなく、ペットの世界でも深刻だった。

犬の平均寿命は14・85歳、猫は15・75歳（ペットフード協会調べ／2015年）。5年前に行われた同調査の結果と比較してみると、犬13・9歳、猫14・4歳で長寿化が年々進んでいることは明らかだ。認知症や徘徊、寝たきりになったペットのために介護を必要とするケースも増えてきた。

午前0時30分

中年の女性がロシアンブルー（18歳／オス）を抱えてやってきた。グレーの被毛が上質のじゅうたんのようになめらかで、年老いていることを感じさせない。

「昨日からぐったりして、たくさん吐いて。それに大声で『ワオーワオー』と鳴いているんです。1年前に死んでいてもおかしくない状態だったのに、薬を飲んでここまでがんばってきたんです」

杉浦が詳しく聞くと、甲状腺機能亢進症を患っているとのことだった。甲状腺の機能が暴走して甲状腺からホルモンが異常に分泌される病気だ。高年齢の猫に発症することが多く、心臓や腎臓などさまざまな臓器に影響を与える。

杉浦が触診すると腹部が異常に張っていた。血液検査をし、山田と今井がレントゲン室へ連れて行く。

「あらあら、やっちゃったわね」

今井の手からポタポタと液体が垂れた。ロシアンブルーはレントゲン室へ連れていかれる途中にオシッコをした。床に広がったオシッコを、手の空いていた杉浦が手早く拭き取りながら検査用のサンプリングをする。

この動物病院では、仕事の指示を待っているスタッフはいない。獣医師と動物看護師との上下関係もない。

動物の採尿はいつもひと苦労だ。早急に尿の検査をしたくても、動物たちがこちらの都合に合わせて排尿をしてくれはしない。だから理想的な検体とはいえないが、それを集めて検査に回すことある。

レントゲン室から戻ってきた今井が、絆創膏を手のひらに貼った。

「まいっちゃうわ、元気がいいんだから」

レントゲン室で押さえようと保定したときに引っかかれた。そんな元気な様子に反してロシアンブルーは、検査の結果から重い腎不全に陥っていることがわかった。杉浦は飼い主にそのことを告げ、これからどのような治療ができるのか、いくつかの選択肢を伝えた。

「猶予はない状況です」

「先生、苦しませないでやってください。治療はできる限り痛みのないように、それだけお願いします」

涙声でそう訴える飼い主は、朝までＩＣＵの中で点滴を続けて様子を見ることを選んだ。老猫は診察室を出ていく飼い主の後ろ姿をエメラルドグリーンの瞳でじっと見つめながら、弱々しく「ミャー」とひと声鳴いた。

杉浦はロシアンブルーに点滴をつなぎ、エリザベスカラーをつけるとＩＣＵに入れた。ロシアンブルーは長い手足を伸ばして腹を出して横になり、適切に温度や酸素濃度を調節されたＩＣＵの中で静かに伏せっった。

午前3時30分

白で統一された清潔感のある処置室は、ひっそりと静まり返っている。入院している動物たちの鳴き声はせず、心電図のモニターの規則正しい音とエアコンの送風音が静かに響いている。換気設備が整っているため、動物や薬品の匂いはしない。

待合室に人影はなくなったが、獣医師たちに休む暇はない。パソコンの前に座り、キーボードをたたき続ける。今晩診察した動物たちの報告書の作成に追われているのだ。それを朝までに仕上げて、かかりつけの動物病院にファックスで送らなければならない。

書類作成にひと段落ついた永滝は、今日診察した患者のことや入院している患者の今後のケアについて杉浦と話し始めた。その話が終わると、今度は病気の治療方法について意見を交換した。救急の最前線では、常に新しい知識を吸収することを怠らない。知識が増えれば、救える命も増やすことができるかもしれない。知識不足は、患者を死なせることにつながる。

この病院では、学会への参加や自分自身の勉強の時間も十分にとることができる環境にある。情報のアンテナを張り、進化し続ける治療法を習得するために、獣医師たちは常に勉強を欠かさなかった。

午前4時30分

外はまだ暗いが、起床時間の早い人間たちの活動は始まった。病院の電話がまた鳴り始め、待合室に人影が戻ってきた。まったりとした空気の流れていた診療室が再び熱を帯びる。明け方に多いのは、散歩中に何かハプニングに遭うケースだ。

「ケンカで顔にケガをして血を流している」

「散歩中に犬が大きな石を飲み込んだ」

早朝は具合の悪いペットの状態も急変しやすい。あと数時間でかかりつけの動物病院の診療が始まるが、それまでは待てずに切羽詰まった飼い主たちが駆け込んでくる。

「散歩をしていたら急に吐いて、何だか元気がない」

白髪の紳士が、雑種犬（1歳／オス）を連れてきた。触診でも血液検査でもとくに問題はなく、家で様子を見ることに。紳士はホッとした表情になって帰っていった。

午前5時

仕事を終え、杉浦はスタッフルームの椅子に腰を下ろした。

「もっと何かできることはなかったか」

1日を振り返り、今日の診療に思いを巡らす。命の灯が消えかかっていたロシアンブルーとフェレットは小康状態を保っていた。かかりつけの病院が開くのを待って、バトンタッチできそうだ。

しかし命を救えなかった無力感もある。それでもまた今晩、飼い主が動物を連れてやってくる。

この動物病院に救いを求めて。

第11章 困っているときこそ自分たちの出番

「夜間の無獣医時間帯をなくし、動物と飼い主の不安を軽減する」

この思いを持った獣医師たちが集まって設立したこの動物病院は、かかりつけ医が診療できないとき、代わりに誠心誠意対応しようという理念のもとで診療を続けてきた。病院の規模が大きくなってもその姿勢は変わらず、現在のスタッフにも脈々と受け継がれている。

どこの動物病院も正月休みとなる年末年始は、この病院を頼って多くの飼い主たちがペットを連れてやってきた。夜間診療センターに勤務する獣医師5名と動物看護師8名は、2015年12月30日の昼12時から2016年1月4日の朝9時までの117時間、交代で年末年始特別診療にあたっていた。

2015年12月31日　午後7時

青ざめた表情の飼い主がゴールデン・レトリーバー（2歳／オス）を連れてきた。

「食べていた串カツを奪われて、あっという間に串ごと飲み込んでしまって」

診察室で慌てて説明する飼い主の横にぴったりと寄り添うゴールデン・レトリーバーは、何事もなかったような平然とした表情で他人事のように聞いていた。

手術室に移動し、全身麻酔をかけるとすぐに深い眠りについた。先端に超小型カメラがついた内視鏡を口から挿入、胃に到達すると、ドロドロに溶けたドッグフードの中に串カツが映し出された。内視鏡の管の中に物をつかむことのできる鉗子を入れて、慎重に竹串をつかむ。どこにも引っかけないようにゆっくりと引き出すと、パン粉をまぶして揚げられた豚肉とタマネギの塊の刺さった10㎝ほどの竹串が出てきた。

麻酔から目覚めるとストレッチャーに乗せ、点滴をしながら大型犬舎の中でしばらく静養させた。駐車場の車の中で待っていた飼い主に、飲み込んだ竹串を確認してもらう。

「年越し蕎麦どころじゃなくなっちまったな」

そうつぶやきながら、飼い主はホッとした表情を見せた。

午後8時

長い被毛に覆われたヨークシャー・テリア（13歳／オス）を連れた老夫婦が入ってきた。急いで診察室に入れると、診察台の上で苦しそうにゼーゼーと荒い呼吸をしている。呼吸を少しでも楽にしようと伏せることもできず、前足を突っ張りながら肩を上下に大きく揺らして息をしていた。

この日、ふだんしていない昼間の診察を担当していた永滝の勤務時間はすでに終了していたが、患者が次々とやってきてまだまだ帰れそうになかった。

胸のレントゲンを撮ると、肺に液体が溜まる肺水腫にかかっていた。朝を迎えられるかどうかわからないほど状況は厳しかった。ヨークシャー・テリアは6部屋あるＩＣＵの住人になった。ミカン箱ふたつほどの大きさのＩＣＵに入れられ、前足には点滴のほかに容体が急変した場合に備えて心電図モニターが取りつけられていた。

「ピッピッピッ……」

心電図モニターにはハートマークが点滅し、定期的な機械音が部屋の中に響いていた。

「苦しいよね」

「がんばろうね」

ＩＣＵの前を通る獣医師や動物看護師が、ひんぱんに声をかける。ヨークシャー・テリアは呼吸をしているだけでもやっとの様子になり、目は遠くのほうを見つめながら意識が遠のいていくのをじっとこらえている。飼い主は万が一に備えて家には帰らずに、駐車場の車の中で待機していた。

しばらくして、咳とともに薄赤色の液体を吐き出した。エリザベスカラーにその液体が点々とつく。

「(心臓が) 止まったときのことを考えておこう」

スタッフは、心臓マッサージなどの心肺蘇生術にいつでも取りかかれるように心がまえをしておいて、消えゆこうとする患者の命と向き合っていた。

午後8時30分

待合室には、絶えず飼い主と動物たちが入ってきた。やわらかな茶色の被毛をまとったポメラニアン（7カ月／メス）は、2日前から下痢と嘔吐に悩まされていた。

パピヨン（4歳／メス）は血液中のカルシウムが何らかの原因で低下する低カルシウム血症にかかり、けいれんを起こしていた。蝶が羽を広げたような大きな耳をピンと立ててふだんは気品のある優雅な顔立ちをしているが、今は苦しそうに荒い呼吸をしていた。

巻き毛が愛らしいトイ・プードル（2歳／オス）は、目や口の回りにアレルギー症状が出ていて、ひどくかゆがっていた。

白い毛並みの美しいマルチーズ（6歳／メス）は、重い貧血にかかっていた。本来ならば体に侵入した病原菌を退治するはずの免疫システムが、自分の赤血球を破壊してしまう免疫介在性溶血性貧血だった。

午後10時

フレンチ・ブルドッグ（11カ月／オス）が誤食で来院した。

「夕飯で残ったグラタンをつまみ食いしてしまって」

グラタンならば動物病院へ連れてくるほどのことでもなさそうだが、詳しく聞くとそのグラタンには大量のタマネギが入っていたという。ネギ類は犬に中毒症状を引き起こすことが知られていて、重い貧血を引き起こすと死に至るケースもある。

薬剤を静脈注射して催吐処置を施すと、すぐにグラタンを吐き出した。点滴を受けながらしばらく様子を見ていたが、何もなかったかのような涼しい表情をしていて、とくに体調が悪くなる様子もない。帰宅しても大丈夫だと、待合室にいた飼い主を呼んだ。届くところにグラタンを置いてしまった飼い主の女性は、愛犬を見るとハンカチで目頭を押さえた。

「つらい思いをさせてごめんね」

そうわびながらやさしく頭をなでた。

午後10時30分

「顔つきが少しよくなってきたね」

永滝はヨークシャー・テリアの容体が落ち着いてきたのを見て、駐車場の車の中で待機している飼い主をＩＣＵの前に呼んだ。

「見てください。容体は少し安定してきています。車の中で待たれていてもいいですけれど、飼い主さんが体調を崩されては大変です。どうぞ家に帰ってお休みください。心配で眠れないときには、遠慮せずに電話をください。24時間私たちが見ています。緊急の場合にはすぐに連絡を入れますので、私たちにまかせて休んでください」

永滝は飼い主が愛犬の看病で疲れきっていることに気づいていた。

飼い主はヨークシャー・テリアの名前を涙声で呼ぶと、「お願いします、連絡があればすぐに駆けつけます」と言った。

やつれた顔をした老夫婦は、後ろ髪を引かれる思いで帰っていった。

午後11時

キャリーケースを覗き込むと、猫のマンチカン（8カ月／オス）が体を丸めてじっとしていた。

「お腹が硬く膨らんでいるんです。さわろうとすると嫌がって……」

ご飯を食べず、好物の煮干しに見向きもしない。お腹が空いていないのかとあまり気にもせずに年越しの準備をしていた飼い主だったが、部屋の隅でじっとして元気がなく、やがて何度も吐き気を催すようになったという。

診察の結果、遊んでいたときに毛糸を飲み込んで腸閉塞に陥っていることがわかった。異物を誤飲するケースで犬は固形物が多いが、猫に多いのはひも類だ。それが猫の細い腸管に詰まったり引っかかったりすると、消化中の食べ物が流れていかなくなり、ガスが溜まってお腹が膨れ、嘔吐や腹痛の症状が出てくる。腸閉塞になって死亡という最悪の結果につながらないように、開腹手術を受けることになった。

午前0時30分

「嘔吐が続いて心配なときにはいつでも連れてきてください。吐き気が続くときには水を欲しがりますけど、好きなだけ飲ませると悪循環になりますから少しずつ与えてくださいね」

嘔吐が続くシー・ズーの体調を心配して連絡してきた飼い主へのアドバイスを終えて電話を切った今井は、処置室の中央にあるホワイトボードに新たな情報を書き加えようとしていた。

ここには、現在入院している動物の名前、種類、診断結果、かかりつけの動物病院、入院と退院の日時がそれぞれ書かれている。ボードいっぱいに書かれた動物たちの退院予定日は、多くが「未定」になっていた。

年末年始特別診療で夜間に来る患者は、重篤なケースが多かった。そのため1頭の治療に時間がかかり、昼の診療を担当したスタッフは、引き続き夜も治療にあたらなければならなかった。次々とやってくる動物たち。入院患者の世話もあり、猫の手も借りたい忙しさだ。ふだんの勤務時間よりもずっと延びて、スタッフの勤務は14時間を超えることもあった。

「帰れる子がいない、どうしよう」

今井がつぶやいた。間もなく入院施設がいっぱいになってしまう。いつものように、この後かかりつけ医の診察が行われるなら朝には退院してバトンタッチできるが、正月休みのためにここで入院を続けなければならない患者は多い。

「あら、もう年が明けてたのね」

今井は壁にかかっている時計を見て、新年になってすでに30分が経過していたことに気づいた。ここでは年越しのカウントダウンも、新年を祝う言葉もない。正月のゆったりとした晴れやかな気分などまったくなかった。

午前2時

スタッフが患者を搬送するため、ベッドに車輪のついたストレッチャーを押して駐車場に迎えにいった。乗せられてきたバーニーズ・マウンテン・ドッグ（14歳／オス）は、体を横たえ荒い呼吸をして起き上がることができない。

体重が50kgほどあるため、ストレッチャーから下ろすのも動物看護師2人がかりだ。

CTを撮ると多くの臓器にダメージを受けていることがわかった。お腹の中には血が溜まり、腫瘍の影も見つかった。大型犬舎に入院の上、状態を安定させることにした。

手術をすれば数カ月は寿命を延ばせるかもしれないが、老犬で体力の心配があった。手術がいいのか、抗がん剤治療がいいのか、それとも痛みを和らげる治療にするべきなのか……。長い間一緒に過ごしてきた愛犬が最期を迎えようとしている。その治療に対して、どうすることが最善なのか飼い主は決めかねていた。

午前5時

ICUでは腸閉塞の手術を受けたマンチカンが丸くなっていた。この猫種の特徴である短い足には点滴がつなげられ、手術跡をなめないように透明のエリザベスカラーが装着されていた。大事には至らずに済んだが、正月はここで過ごすことになってしまった。

年末年始特別診療の間の動物の受診数は３７３件（29日夜も含む）。そのうち命にかかわる緊急手術が７件、内視鏡による異物の取り出しは４件あった。家族そろってペットと安心して年末年始を過ごせるようにと、休みなくスタッフたちは働き続けていた。

第12章　夜間救急センターの待合室

２０１６年1月下旬の金曜日、横浜市には17時20分に降雪注意報が出されていた。気温は2度。夕方から降り始めた冷たい雨が、やがて雪に変わっていきそうな底冷えのする夜だった。

この病院がある第3京浜高速道路の港北ＩＣは、この数年で様子ががらりと変わった。首都高速横浜羽田空港線生麦ジャンクションと第3京浜道路港北ＩＣを結ぶ横浜環状北線の工事が進み、年末には開通する見込みだ。

広大な畑には新たな料金所が作られ、一般道への出口が動物病院の目の前にできた。これなら高速道路を使って車で来院する飼い主が道に迷うことはない。動物病院の前の一般道は交通量が増えると予想されるため、2車線から4車線への拡張工事を行っている。

この晩も高速道路の出口では、防寒着を着込んで黄色いヘルメットをかぶった工事関係の中年男性が交通誘導にあたっていた。勤務時間は夜8時から明朝まで。（夜にやっている動物病院に、こんなにたくさんの人がくるなんてびっくりだ）と思いながら、高速道路の出口付近が混雑しないよう動物病院に出入りする車の誘導も行った。病院には新病棟の前に3台、旧棟の前に4台分の駐車場があるが、そこもいっぱいになることがある。路上で停車されると困るため、誘導員は病院が近隣に借りている6台分の立体駐車場へ案内していた。

病院の受付では動物看護師の清水陽香が、やってきた飼い主や動物たちの対応に追われていた。革のジャケットを着た男性がチョコレート色のラブラドール・レトリーバー（8歳／メス）を連れてきた。清水は電話連絡を受けた際に聞いていた症状を、再度飼い主に確認していく。てきぱきとした仕事ぶりは、この病院で7年働いているキャリアを感じさせる。

「はじめまして」

清水は犬の鼻先にゆっくりと自分の手を下から近づけ匂いをかがせた。

「大丈夫だよ。安心して。ちょっとさわらせてくれるかな」

そっと後ろ足の内側をさわり、犬の拍動を確かめた。人間が手首で拍動を測るように、犬は後ろ足の内側にある動脈で拍動を調べるのがわかりやすい。拍動が弱いとかなりまずい状態で、血圧がかなり落ちて血液の正常な循環が保たれていない可能性が高い。

それは歯茎の色でも推測ができる。

「お口の中も見せてね」

清水は犬の上唇をめくり、歯茎の色をチェックした。犬が健康ならば歯茎はピンク色をしているが、白っぽくなっていると何らかの理由で貧血に陥っていて、容体が急変する心配がある。歯茎を指1本で押して圧力を加える。押されて一瞬白くなった部分が、指を離してすぐにピンク色に戻れば、正常に血液は循環している。これで、末梢血管に再び血液が流れるのにどれくらいの時間がかかるのかを確かめられるのだ。そのほかにも呼吸や意識レベルなど、体全体の様子を迅速にかつ細かくチェックしていく。

ここは救急病院なので、受付で行う「緊急性があるかどうか」の判断がとても重要になる。どの飼い主たちも救急だと感じてここへ連れてきているのだ。その中で、順番を飛ばして緊急で診察する必要があるのか、それとも順番通りの診察で大丈夫か……。

「お呼びしますので少しお待ちください」

このゴールデン・レトリーバーは、命にかかわる緊急の症状ではなく順番通りの診察になった。

待合室には2脚の椅子のほかに、9人がけのソファが壁に備えつけられた。この椅子は背もたれと座面の濃いグレーのクッションがすぐに取り外しできるようになっている。動物たちが吐いてしまったらすぐに拭いて消毒し、清潔を保てるようにするためだ。備えつけの椅子の下は空洞になっていて、飼い主の足元で犬が伏せたり、キャリーに入った動物が落ち着いて待てるようになっている。

このときは、ゴールデン・レトリーバーのほかに4組の飼い主が順番を待っていた。受付のすぐそばでは、スーツの上に黒のカシミヤのロングコートを羽織った女性が、チワワをフリース生地の布でくるみ、胸の前でやさしく抱っこしながら硬い表情で座っていた。仕事から帰宅するとはしゃいで出迎えてくれるはずのチワワにいつもの元気がなく、慌ててタクシーでここへ連れてきたのだ。駅からは離れているこの動物病院に、タクシーで駆けつける飼い主は多い。

「大丈夫よ、もう少しだからね」

チワワは女性に抱かれ、静かに目を閉じていた。

その隣に座っている若い夫婦は、トイ・プードルの下痢が続いているのを心配して連れてきていた。下痢は食べ物や環境の変化によるストレスが原因で引き起こされる場合がある。下痢以外の症状が見られなければ、数日で治る一過性のものであることが多い。しかし激しい下痢を繰り返し、嘔吐や発熱などほかにも症状がある場合には、寄生虫感染やウイルス感染などの病気によって引き起こされている可能性がある。子犬や老犬の場合には体力がないためとくに注意が必要で、命の危険にさらされている場合もある。

入口の近くには、飼い主の横で雑種犬が落ち着かない様子で吠えている。右目が真っ赤に充血している。清水は無理に犬にさわろうとせず、飼い主の中年の夫婦から状況を聞く。

「車に乗せると、いつも興奮してしまって……」

男性が外へ連れ出しても、大声で吠え続けていた。これだけ夜間に犬が吠えていても、近所の住民から苦情がくることはない。工場街の一角に動物病院があるためだ。

第5診察室からジャンパーを着た老齢の男性が出てきた。駐車場に出て携帯電話を取り出して誰かと話し始めた。

「末期なんだと。何もしなければあと数日、すぐに手術をしても1カ月生きられるかどうか。どうすればいいんだか決められん。女房に先立たれて、もうコイツしかおらんのよ」

犬の病気は、人間と同じようにさまざまな種類がある。しかし犬は痛みや苦しみを言葉で伝えられないため、飼い主が気づかないうちに病気が進行していることも多い。たいしたことはないと思って連れてきたのに、すでに手の施しようがなくなって余命を告げられるケースや、緊急手術が必要なケースもある。

男性が連れてきていたのは体のがっしりした秋田（14歳／オス）。忠犬ハチ公で有名な秋田は、ほかの日本犬（柴、甲斐など）とは異なり、大型犬に分類される。小型犬のようにキャリーケースで連れてくるわけにはいかない。歩けない病気の愛犬を、飼い主は秋田を入れた鉄製のケージを車に乗せて運んできた。

しばらくして獣医師の杉浦と山田が、秋田の入ったケージを診察室から運び出して車の荷台に乗せた。老齢犬への手術は体力的な負担が大きく、手術中に息を引き取る可能性もある。抗がん剤治療や放射線治療などできる限りのことをしていくのか、それとも痛みを和らげる緩和ケアで残された時間を自宅で一緒に穏やかに過ごしていくのか。明朝かかりつけ医とこれからの治療を相談すると言って、飼い主は肩を落として帰っていった。

ペットのためにできることは何でもしてあげたいと思っても、手術や延命のためには高額の医療費がかかる。余命を告げられてからのターミナルケア（終末医療）にお金と時間をどれくらいかけることができるのか、飼い主は考えなければならない。

延命させるのではなく、天寿を全うさせるために生活の質を高めようとする、クオリティ・オブ・ライフ（QOL）という考え方がある。寝たきりになったペットが快適に過ごせる工夫をしたり、マッサージをして多くふれ合ったり、食欲がなくなってきても「これなら食べられる」というものを探したり。

自分のかたわらにいるペットたちは、いつまでもそばにいるものだと錯覚してしまうが、彼らの寿命は人間よりもずっと短く、数倍のスピードで年を取っていく。

第2診察室からは中年の夫婦が出てきて、ソファに腰を下ろした。女性はうっすらと涙を浮かべてうつむき、男性は天井を見上げて大きく「ふぅー」と息を吐いた。

「もっと早く気づいてやるべきだったな」

男性は、入院の同意書にサインをしながらボソッとつぶやいた。どうやら愛犬が急性肝不全に陥っているらしかった。

「昨日までは普通にご飯を食べていたのに」

女性は愛犬の体調の急変に、まだ信じられない様子だった。肝臓が機能しなくなる急性肝不全では、元気だった動物の具合が突然悪化する。食欲が低下し嘔吐や腹痛を起こし、皮膚に黄疸が出るなどさまざまな症状が見られる。治療が遅れると、肝臓で処理をしていない血液が脳にも流れ、脳が毒物に侵されて異常を起こして死の危険性が出てくる。

そこへ今度は毛の長い雑種犬（13歳／メス）がやってきた。清水が飼い主の女性から話を聞いている間も、その犬はリードを持つ中学生の女の子を引っ張って落ち着きなく待合室を歩き回っていた。

「1カ月前に肺水腫になって、かかりつけの動物病院で入院していたんです。退院してしばらく平気だったのに、今日は1時間でもう6回吐いてしまって」

そう話している間にも、その犬は待合室の濃いグレーの床に吐いた。清水は慣れた手つきで拭き取り、消毒スプレーをかけた。

新たな飼い主が入ってきた。表情は明るく、親子3人だけで動物は連れていない。昨晩、子宮蓄膿症の手術をしたマルチーズ（6歳／メス）の面会に訪れた家族だった。

「明日にでも退院できるかな」

「いないと家の中が寂しいよね」

持ってきた紙袋の中には愛犬が安心できるように、お気に入りのタオルケットが入っていた。

23時過ぎに電話が鳴った。

「はい、救急診療センター横浜看護師清水です。どうしましたか」

電話の主は獣医師と話をしたいとのことで、永滝に代わった。

「5日前から犬の鼻血が止まらないんです。かかりつけの先生にもらった薬を飲ませたんですけれど、まだ止まらなくて。もう1錠飲ませれば止まりますか」

「さらに薬を飲ませれば効果が現れるということは考えにくいですね。薬は必ずかかりつけの先生の処方箋に従ってください」

永滝は薬の効用を説明し、かかりつけの先生と連絡を取るようにすすめた。

「でもこんなに遅い時間にかけたら悪いですから」

夜間動物病院ならば遠慮はないが、診察時間外にかかりつけ医に連絡をするのはためらわれるらしい。

鼻からの出血にはいくつもの原因が考えられる。その原因を突き止めなければ、適切に対応することはできない。犬も鼻を強く打てば鼻血が出る。鼻の中の傷や異物が粘膜を傷つけて出血することがある。感染症や血液の病気の場合もある。予想される原因を永滝は飼い主に伝え、最後にこうつけ加えた。

「よく観察して様子が変わらなければ、どうぞ連れてきてください」

動物たちは次々とやってきた。嘔吐と下痢が止まらないシー・ズー。心臓病を患っている小型ウサギのネザーランド・ドワーフ。尿道閉塞で排尿障害を起こし、意識が混濁しているアメリカン・ショートヘア。チョコレートのどら焼きをつまみ食いして調子が悪くなったミニチュア・ダックスフンド。待合室のイスがいっぱいになると、清水はパイプ椅子を4脚運んできて並べた。

検査や治療を必要とする動物たちが多く来院していても、診察が始まるまでの待ち時間は20分もなかった。この日も3人の獣医師と5人の動物看護師がフル稼働で治療にあたっているからだ。

横に長い待合室は天井まで3m以上の高さがあり、圧迫感はない。壁かけの2台のモニターには、スタッフの紹介や診療スケジュールなど病院の情報とともに、動物に関するクイズが流されている。

「犬の夏毛と冬毛はどうして生え変わるのでしょうか」

「人は暑いときに汗をかきますが、犬や猫はどうしているのでしょうか」

答えとともに豆知識を織り込みながら、飼育の啓発にも役立つ内容になっている。

治療を終えた飼い主は、受付で会計を済ませる。

「初診料はご連絡いただいたときにお話しした8000円です。血液検査と吐き気止めの注射と合わせて2万2680円いただきます」

支払い時にトラブルにならないよう、獣医師は治療を始める前に検査の内容や治療の効果とリスク、それにかかるおおよその費用の説明をしている。それを聞いて飼い主は不安な点や気になる点を確認し、どんな治療をするかを相談しながら選択していく。飼い主の望まない高額な治療を無理に施すことはない。

夜間動物病院の診療費は高いというイメージがある。それは救急に対応するためには多くのスタッフの人数をそろえておく必要があり、そうならざるを得ない実情があるのだ。

動物病院の治療費は人間のように統一された国の料金基準がなく、病院ごとに決めているのが現状だ。小動物の診療料金に関して、公益社団法人日本獣医師会のホームページには、次のように書かれている。

「獣医師の診療料金は、独占禁止法により、獣医師団体（獣医師会等）が基準料金を決めたり、獣医師同士が協定して料金を設定したりすることが禁じられています。つまり、現行法のもとでは獣医師は各自が料金を設定し、競争できる体制を維持しなければならないことになっております。したがって動物病院によって料金に格差があるのはやむを得ない状況と言えます。この点についてどうかご理解ください」

DVMsのホームページには、疾患別平均診療費（検査費・翌朝までの入院費・治療費・手術費等を含むトータルの費用）が記されている。

下痢や嘔吐などの胃腸炎は2万5000〜5万円。尿道閉塞は3〜6万円。異物誤飲による催吐処置は3〜5万円。それが内視鏡を使った処置になると10〜15万円。さらに開腹手術による摘出では12〜20万円。外科手術で多い帝王切開は10〜20万円。胃拡張・胃捻転症候群は20〜35万円。

ペットには人間と違って公的な健康保険がない。人間ならば保険に加入していれば3割負担だが、ペットの場合には100％飼い主の負担となってしまう。飼い主は高額な費用のために治療をあきらめざるを得ない場合が出てくる。

そんな飼い主たちの要望を受け、欧米で普及しているペット保険が日本でも誕生した。しかし当初は無認可の「ペット医療共済」だったため、保険金の未払い問題などのトラブルも起きた。国は保険業法を改正して、2008年4月からはペット保険を扱える会社や団体を規制の対象とし、飼い主が安心して加入できるシステムを整えた。病気やケガで治療を受けた場合に、かかった費用を限度額や一定の割合で負担をしてくれるペット保険は、年間の保険料や補償の内容が保険会社によって異なる。

ペット保険大手のアニコム損害保険株式会社が加入者を対象にアンケートを行った結果による

と、2015年にペットが病気やケガをして支出した年間の治療費は、犬が約5万8000円で猫が約3万6000円。いざというときに備え、保険に加入する人は年々増加の一途をたどっている。

ペット保険を利用すれば、治療法の選択肢を増やすことができる。金銭的な不安のために病院へ行くことをためらって、症状を悪化させてしまうことのないようにと考えて加入している飼い主は多い。何かあったらできるだけの治療をしたい。ペットが家族の一員であるという現代人の思いがここにも表れているのだろう。

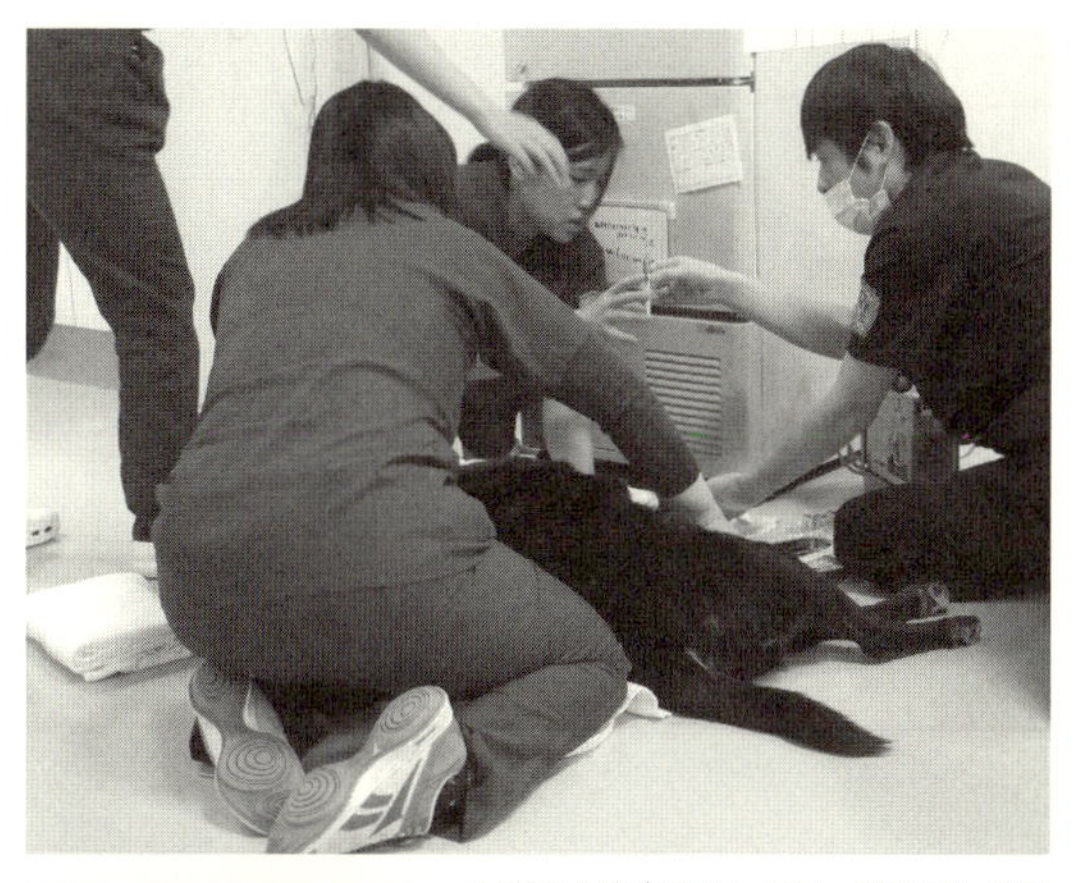

大型犬を治療するときは、獣医師と動物看護師総出で運搬にあたる。

電話で飼い主からの相談に応じる動物看護師。

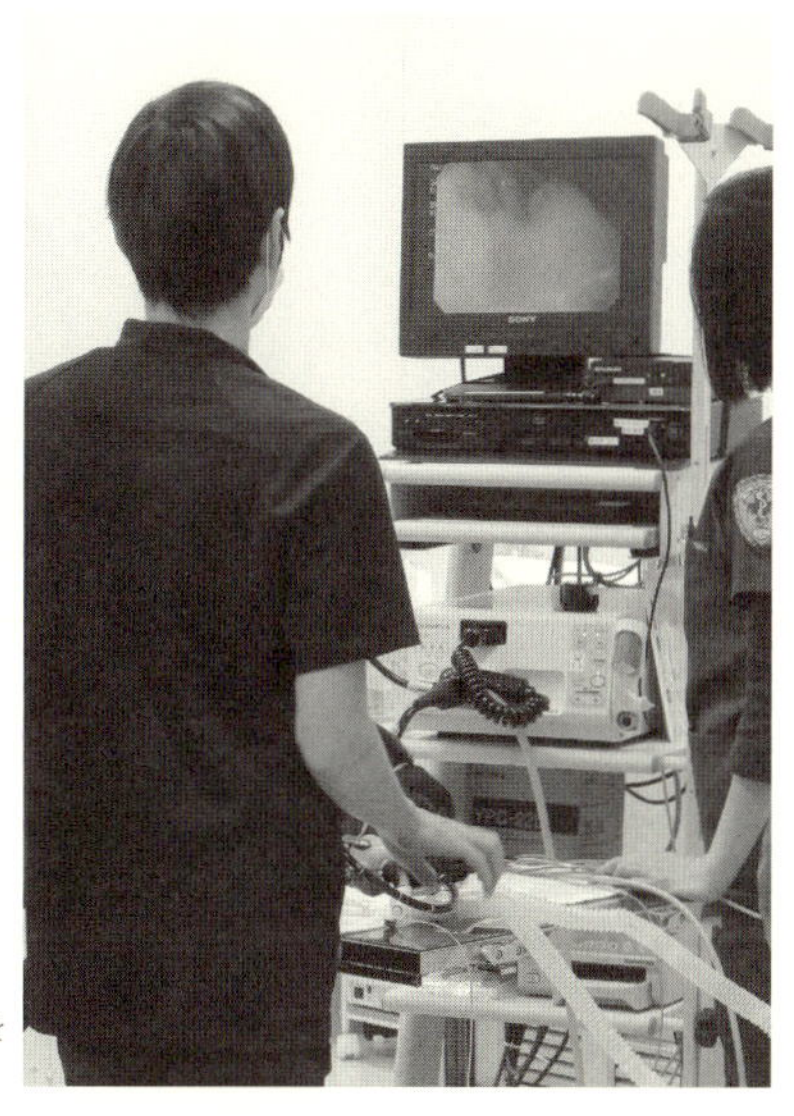

誤飲した場合は、内視鏡を使って胃の中をくまなくチェックしていく。

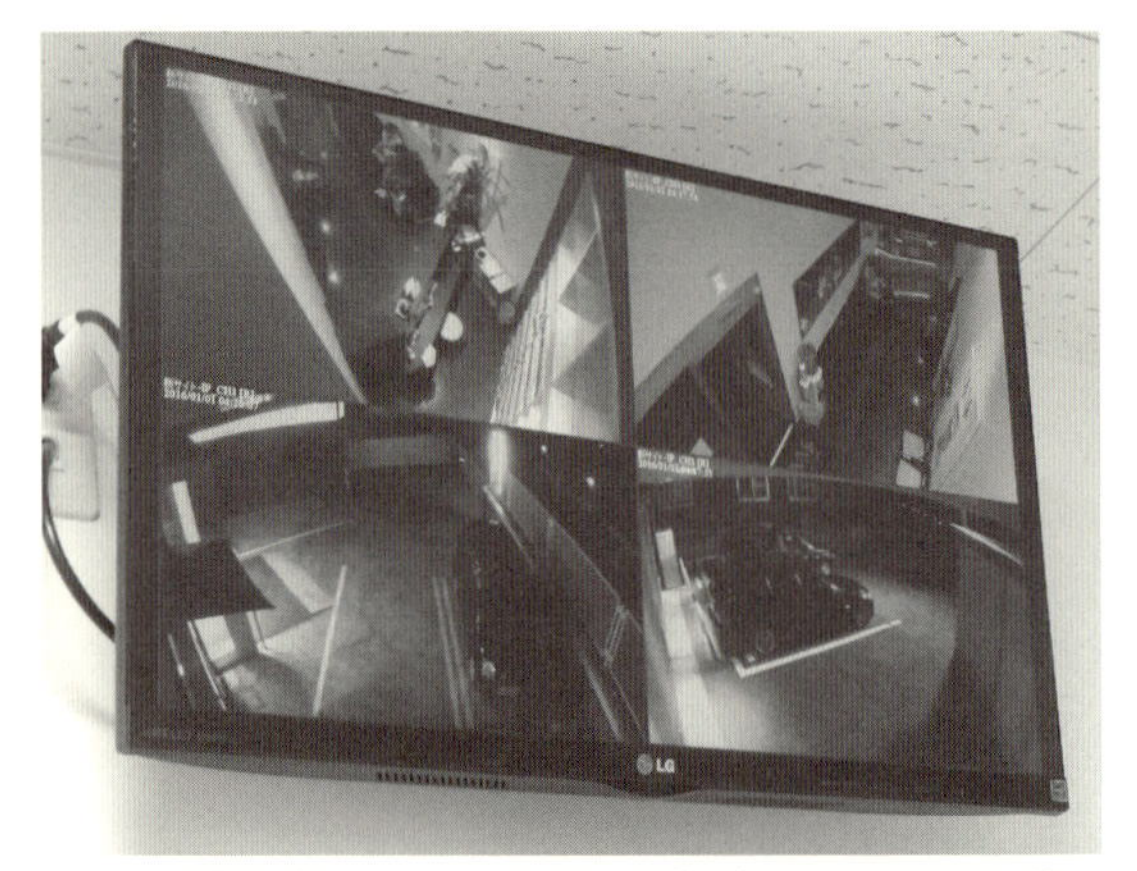

院内から駐車場の様子がわかるモニター。一刻を争うときには、これが役に立つ。

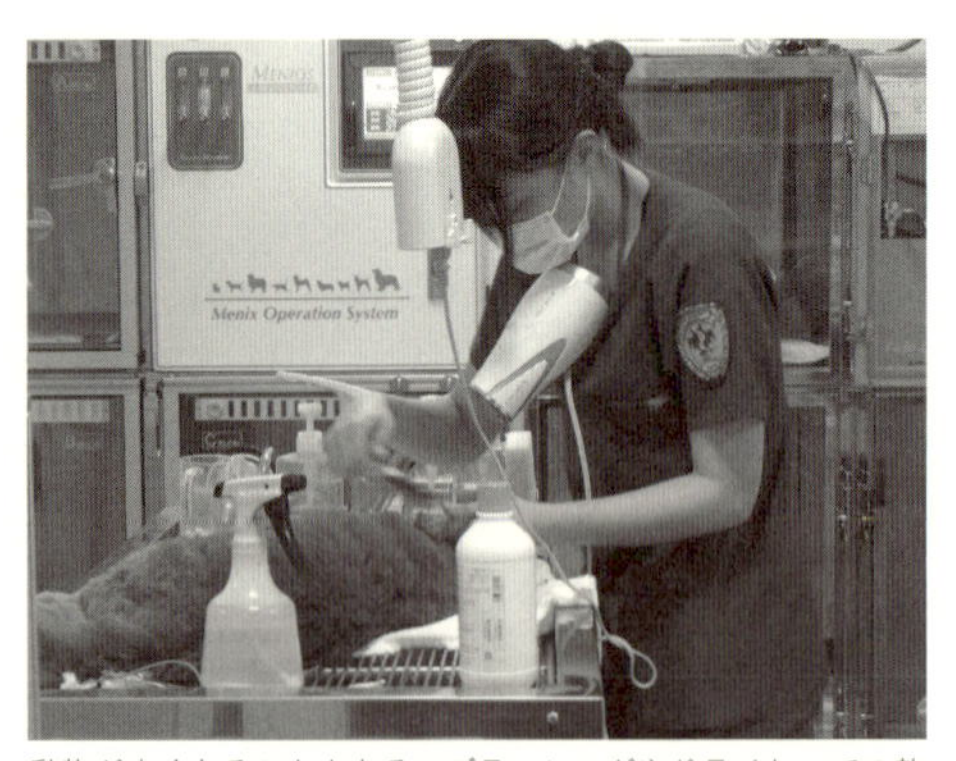

動物が亡くなることもある。ブラッシングやドライヤーでの乾かしで、なるべくきれいにしてから飼い主へ引き渡す。

第13章　共生する社会の実現に向けて

1979万。これは2015年現在、国内における犬と猫の推計飼育数だ（一般社団法人ペットフード協会調べ）。総務省の統計によれば人間の15歳未満の人口が1633万人だから、子どもの数よりもペットの犬や猫の数のほうが多いということになる。

ペットの数が増えた要因には、ペットが家族の一員として受け入れられていることに加え、栄養価の高いペットフードの普及や獣医療の充実により、平均寿命が延びたこともある。高齢化が進み、ペットの介護事業が始められているほどだ。

高齢のペットが、難しい病気を治療するために高度医療を受けられる二次診療の病院に行けば、それですべて終わりというわけにはいかない。多くが治療の継続や経過観察が必要で、そのフォローをどのようにかかりつけの動物病院に引き継いでもらうのが効果的なのか……。

この病院の三代目の代表に就いた新井 弦は、これからの動物医療は、末期医療を受け持つ動物病院と、専門性を高めた高度医療を行う動物病院との連携がより強く求められると感じていた。

新井は1973年生まれの41歳（当時）。横浜市港北区で「はる動物病院」の院長を務めている。病院名の「はる」とは、新井が目指す病院のコンセプトとかかわっている。Health（健康）、Amusement（楽しみ）、Relaxation（くつろぎ）、Unison（調和）。それぞれの頭文字をつなげると「HARU」になる。

新井は飼い主の話をじっくり聞いて末期医療・緩和治療なども行う、地元に密着した動物病院を目指していた。その新井が最新医療や夜間救急を担う病院の代表を務めることを決意したのは、飼い主の声に応えたいという思いからだった。

新井は麻布大学獣医学部を卒業後、北海道苫小牧市にある動物病院で研修医としてスタートを切った。横浜から遠く離れた北海道の地で研修医を始めた理由には、少し複雑な思いがあった。

新井の父親は、大ヒットした歌『千の風になって』の訳詞者としても知られる作家の新井満だ。新井が中学生のころ、父親が『尋ね人の時間』で第99回芥川賞を受賞してからは、「作家・新井満の息子」という見方をされるようになった。有名人を父に持つ反動から「普通でいたい」、「目立ちたくない」と思うようになっていった。高校生になると、父親とは違う自分の色を出していくことでそんな気持ちを変えられるかもしれないと気づき、やがて遠い北海道の動物病院で獣医師としてスタートすることを選んだのだ。

北海道の地でひとりの獣医師として仕事を認められるようになると、それまで自分が感じてきた気持ちに変化が生じてきた。

北海道で5年過ごした後、横浜の藤井動物病院に移って勤務医をしながら自分の病院の開業に向けた準備をしていた。このときの同僚には、後に横浜夜間動物病院の開業スタッフとなる葉山がいた。院長の藤井が夜間動物病院を立ち上げることを知った新井は、自分も病院設立の力になりたいと考えた。夜間専門の動物病院を立ち上げることは、新井にとって画期的なアイデアだった。新井はこの病院の賛同者のひとりとして、50万円を出資することを決めた。自分の病院の開業に向けた資金繰りをしていた新井にとって、50万円という金額は大きかったが「これからの社

現在、DVMsどうぶつ医療センターの代表を務める新井。動物との共生へ、大きな夢を抱いている。

会に必ず必要なものだ」と感じていた新井に迷いはなかった。昼間の病院をサポートする病院を作るという理念に強く共感し、設立に賛同して出資した。出資した獣医師のほとんどが開業医で、勤務獣医師は新井だけだった。

夜間動物病院の開業から2カ月後に、新井は自分の動物病院を開業した。その慌ただしい日々の中でも、新井は輪番のひとりとして深夜まで診療に携わった。

1年後、32歳になった新井は夜間動物病院の理事となった。同期の理事には、8歳年上で二代目の代表となる吉池がいた。新井は最年少の理事ながら、柔軟な発想で運営に力を注いだ。

代表取締役が藤井から吉池になっても、新井は理事として病院の屋台骨を支えた。理事が新しいメンバーに代わっていく中、新井は理事にとどまって仕事を続けた。するといつの間にか新井はいちばんの古株で、この病院のことを最もよく知る人間になっていた。

2014年12月、41歳になった新井は三代目の代表に就任した。新井を支える4人の理事のひとりに、開業スタッフとして現場で夜間動物病院を作り上げた葉山 俊が加わった。横浜市磯子区に葉山動物病院を開業していた葉山は、飼い主にわかりやすく症状を説明する体験型ミュージアム診療の試みや、幼少期の犬のしつけ教室（パピーパーティ）などにも力を入れ、動物病院と飼い主との距離を縮めようと多くの工夫を凝らす、実力と評判を兼ね備えた獣医師になっていた。

代表に就任した新井の生活は多忙を極めていった。自分の動物病院の診療を終えると、自宅に帰って夕飯と風呂。夜間動物病院の仕事は月に3回の理事会以外でも、呼び出しがあれば自転車を走らせてすぐに駆けつけた。自分の動物病院に入院している動物がいるときには、再び病院に戻ってきて動物たちの様子を診ながらすぐそばで一緒に眠った。家のベッドで眠れるのは月に6日ほどしかなくなっていた。

2014年度の神奈川県の犬の登録数は約48万頭。そのうち18万頭が横浜市で飼われている。新井は横浜に夜間専門の動物病院が、ここ以外にもあるべきだと考えていた。横浜の北部にあるこの動物病院へは、市内でも遠いところからは車で30分かかってしまう。診療をスタートできる時間によって、生死がわかれることや重症化を防げるケースは多い。だから飼い主は一刻を争うように、ペットを運び込んでくるのだ。

「もう少し早く病院に到着していれば助けられたかもしれない」

そんな歯がゆい思いをするたびに、新井は横浜の南部にも小さくてもいいから夜間専門の病院を新たに作りたいと考えた。

さらに新井の夢は大きく広がっている。

「日本全国の飼い主や動物たちが安心して暮らせるような社会を目指したい」

そのためには都市部に集中している夜間動物病院を、全国的に広げていく必要があると考えていた。しかし都市部と地方では動物医療に対する考え方に大きな隔たりがあった。地方の獣医師たちと会うとこういわれるのだ。

「夜間でも自分の患者は自分で診るべきなんじゃないですか」

自分で診られるものならば、そうしたいと考えている獣医師は多い。夜間の急患に対応している個人病院もある。また獣医師が連携して、夜間の当番医を決めて対応するなどして昼間の獣医療の質を落とさずに夜間医療を試みようとしている地域もある。しかし現実問題として、日本にある動物病院の約7割が獣医師がひとりで運営する個人病院なので、夜間の診療を充実させることは難しい。夜間専門の動物病院が、すべての都道府県にあるわけではない。

同じ分野を研究する獣医師たちが集まり、研究上の成果を発表し意見交換を行うさまざまな学術会議がある。麻酔外科学会、皮膚科学会、循環器学会、腎泌尿器科学会など多くの分野で行われているが、救急学会はまだない。そんな中、救急医療に取り組んでいる獣医師同士が横のつながりを強くしていこうという動きもあり、救急医療のさらなる発展が期待されている。

新井も夜間動物病院同士が連携していくことで救急医療の質を向上し、都市部に集中する夜間救急の体制を地方にも広げられればと考えていた。

その一方で、新井の頭には高度医療は人間と動物に幸せをもたらすのだろうかという疑念も湧いていた。

「殺処分される動物がいる一方で、高度医療を受ける動物がいる。だから100%助かる見込みのない動物に高い医療費をかけるのではなく、身寄りのない動物を引き取る社会を目指すことが大切なのではないか。それでも獣医師としては、目の前に救える命があるならば何とかして救いたい……」

頭の中で思いが堂々巡りになる。

日本全国で、保健所で殺処分される犬や猫が年間10万頭超もいるといわれている。1日に換算すれば270頭ほどになる。ペット関連市場が1兆円を超え、ペット大国となった陰には、無責任な飼い主や悪質なペット業者によって持ち込まれ、失われている命がこんなにもあるのだ。

欧米のような真のペット先進国になるにはどうしたらいいのか。ドイツでは、殺処分の数は何とゼロだという。動物たちは、ドイツ国内に約1000以上ある民間の保護収容施設（ティアハイム）で保護される。首都ベルリンにあるティアハイムは、東京ドーム3個分の広大な敷地の中に犬舎、猫舎、小動物舎、鳥舎を有し、1万5000頭近い動物たちが快適に暮らしながら新しい飼い主を待っている。収容期限はないので殺処分する必要もなく、ここから年間多くの動物たちが引き取られていく。

同じくペット先進国とされるアメリカでは、殺処分数が300万頭にもなる。その数には驚かされるが、保護された動物の半数は新しい飼い主に引き取られている。飼い主は末期症状で苦しんでいる動物にはむやみに延命治療を施さずに安らかに眠らせる。一方、全米で5000カ所もあるという動物保護施設に出向き、殺処分されようとしている保護動物を引き取って命をつないでいこうとする考えも浸透しているという。

日本では、新たな飼い主に出会える保護動物は全体の1割ほどだ。しかし近年、動物愛護センターや民間の動物保護団体が譲渡会を開くなど積極的な取り組みが功を奏し、ペットショップやブリーダー以外の動物との出会いの手段も知られつつある。
新井は家で飼い始めたスタンダード・プードルに、動物と共存していくために大切なことを教えられた。家族の一員となっていくその犬から動物を飼うことの責任の重さを改めて感じていた。

これまでこの病院が築き上げてきた夜間の救急医療と昼間の高度医療。それらとかかりつけ医との連携の強化をさらに充実させていくことが重要だが、それと並行して自分たちが果たしていくべき役割は、もっと基本的なところにあると感じ始めていた。

「動物を飼う人間たちの意識を高めていきたい」

新井の理想とする社会は、ドイツやオーストリア、オランダ、フィンランドなどですでに実現している。犬を飼うための講習や免許制度があり、犬税がある。犬1頭ずつに税金を支払っているために犬の権利も守られていて、動物愛護の考えも社会に浸透している。税を支払わなければならないことで、かわいいからと安易にペットを飼う人は減り、各自が責任を持って動物を飼うことにもつながっている。

犬の動物倫理が進んでいる国に、北欧のスウェーデンがある。スウェーデンでは保護施設がほとんどない。日本では動物が捨てられた後にどうするかと考えて対策を立てるが、スウェーデンでは保護施設に犬、猫をできるだけ送らない社会を作るにはどうすべきかという予防に重きを置いている。さらに動物愛護法により、生体をペットショップで売ってはいけないことになっている。そのため飼い主はブリーダーからしか犬を手に入れることができず、そのブリーダーはケネルクラブによって健全なブリーディングができているか厳しくチェックされている。

さらにスウェーデンでは市町村にひとつの割合で、ケネルクラブの管轄するワーキング・ドッグ・クラブがある。子犬を飼った人は、誰でも子犬のしつけ教室に参加することができ、その費用は1回60分の5回コースで5000〜1万円ほど。子犬のうちに人間と共生できるようにしっかりとしつけられた犬は飼いやすく、成長しても問題行動を起こすことは少なくなり捨て犬の発生を抑えている。だから殺処分もシェルターもない社会を作り上げることができているのだ。

新井が考えているのも、人間と動物が幸せに暮らせる社会にするための飼い主への啓発活動だ。高度医療を受け入れる体制を整えることに変わりはないが、何よりも予防医学の市民講座を開いて動物の食生活や運動、そして生活習慣を正し、病気にならない体を作ることに飼い主が積極的にかかわる。さらに病気やケガを予防し、身体的にも精神的にも健康で、仮に病気になったとしてもその進展を遅らせられるような取り組みをやってみたいと考えている。

藤井や吉池たちのＤＮＡを受け継いだ新井。その情熱は疾風に夢は羅針盤となり、「ＤＶＭｓ号」は大海の中へ向かって新たに走り始めていた。

終章　かかりつけ医との連携

2016年春。

「8カ月になるメスのポメラニアンが事故に遭ってしまって。これからそちらで診ていただけますか」

藤沢市にある動物病院から夜間救急センターに連絡が入った。杉浦が詳しく聞くと、その犬は膀胱破裂の疑いが濃く、左後ろ足も骨折している可能性が高かった。しかしかかりつけの動物病院はすでに閉院時間を過ぎていて手術ができる状態にはなく、仮に手術ができたとしても入院した犬の容体を夜通し見ることはできないとのことだった。そこで飼い主と相談した結果、ここで治療をするのがベストだと判断して連絡してきた。

「入院後のケアも安心しておまかせできますし、骨折の治療が必要になったときにも、(昼間の)二次診療センターで診ていただければ犬の負担も少ないと思いました」

「承知しました。できる限りのことをさせていただきます」

杉浦は電話を切ると、スタッフにこれから運ばれてくる急患のことを伝えた。

藤沢市は神奈川県の中南部に位置している。この病院までは距離にして30㎞ほどで、国道1号線と高速道路を車で走れば1時間ほどで着く。

「先生、この子を助けてください」

連絡のあったポメラニアンの飼い主の女性が、キャリーケースを抱えて飛び込んできた。

通常ならば受付で動物看護師が歯茎の色や拍動、呼吸の様子などから緊急性を判断して治療の順番を前後させることがあるが、交通事故の患者の順番は基本的に最優先される。外傷がなくても、体の中で出血している場合や臓器や脳に大きなダメージを受けている場合もあるからだ。

すぐに第2診察室に迎え入れた。キャリーケースから出てきたポメラニアンを見て、杉浦は少しホッとした。予想していたよりも顔つきがよかったからだ。事故の場合、運ばれてくる間に意識がなくなったり、呼吸が弱くなったりしているケースは多い。

元気はないがぐったりしているわけでもなく、意識は正常だった。口の中を診ると粘膜の色は正常で、股圧（後ろ足内側の拍動）に問題はなく血液の巡りが悪いという様子もなかった。体重3kg。体温は38度で、犬にとっては平熱だ。

左後ろ足を触診すると、「キャンキャンキャンキャン！」と鳴いて明らかに痛がっていた。立ち上がることは可能だが、左後ろ足には体重を十分にかけられていないことから骨折の可能性があった。

聴診器で心臓の音、呼吸音を確認する。事故の場合には肺が破れ、肺の中で出血を起こして雑音が交じることがある。ここも異常なし。

下腹部を診ると内出血があった。やはりこのあたりに重大なダメージを負っていそうだ。腹腔内で出血、もしくはどこかの臓器から血が漏れているかもしれない。

急いで血液と腎機能の検査を行った。生後8カ月の子犬なので、腎機能の数値が高く出ることはないはずだが、検査結果では明らかに体内の尿路系で何かが起きていることを示す高い数値が出ていた。

超音波検査をすると、体内に溜まっている液体がモニターに映し出された。お腹に注射器を刺し、液体を採取すると尿だった。

もともと尿は、体の老廃物を外に出すのが役目だ。その尿が体内に漏れて外に出せなくなると体内では炎症が起き、尿毒症や尿性腹膜炎を引き起こす。超音波検査で見える膀胱の輪郭は不明瞭だった。（膀胱が破裂して漏れているのは間違いなさそうだが、果たしてここだけなのか、それとも……）。膀胱のほかにも腎臓、尿管、尿道など尿が漏れている場所があるならば、開腹手術をする前に突き止めておかなければならない。

そこで次に造影検査に進んだ。静脈に入れた造影剤は腎臓から尿管、膀胱へとかなり短時間で進んでいく。何回かに分けてレントゲンで撮影する。何も損傷がなければ腎臓から尿管まで白色がつく。しかし損傷個所があれば、そこから造影剤が漏れ出て、白いモヤモヤが体内に広がっていく。腎臓や尿管から広がるものはなかった。

造影剤は静脈だけではなく、尿道の出口からも入れて確かめた。膀胱が正常ならば風船のように丸く膨らんだ膀胱が白く映る。しかし膀胱の輪郭が映らなかった上に、やはり膀胱の周辺から白いモヤモヤが広がっていた。膀胱破裂は確実で、ほかの場所からの漏れは見られなかった。

杉浦はすぐに開腹手術をせず、ＩＣＵで点滴をしながら休ませた。お腹の中で出血が続いていたらすぐに開腹手術をしなければならないが、今回、尿は体内で漏れているが死の危機に瀕しているわけではない。慌てて開腹するほうが危ないと判断したためだ。

手術をするためには、全身麻酔をかける必要がある。全身麻酔は１００％安全というわけではない。麻酔は昔に比べると安全性の面では格段に進歩しているが、それでもリスクのない麻酔方法は存在しない。麻酔中に心拍数が少なくなったり、呼吸が抑制されたり、血圧が低くなったりと副作用が起きることもまれにある。

健康な動物ならば麻酔の副作用によって身体機能が多少低下しても耐えることができるが、ケガや病気を患っている動物は、全身麻酔をするだけで命を失う結果を招くことも起こりうる。だから杉浦は、全身麻酔をかける際には慎重を期している。できるだけＩＣＵに入れて最低でも1、2時間は点滴をして、体の血液の巡りを安定させる。麻酔をかけるのに少しでも体調を整えたほうが、リスクを減らすことができるからだ。

あとはどのタイミングで手術を開始するのか。いつが最善なのかは、誰も教えてくれない。患者の様子や客観的な数値によって適切なタイミングを判断している。

待合室で手術の必要性とそのリスクの説明を受けた飼い主は、手術の同意書にサインをした。

「神様、どうかこの子の命を救ってください」

体を丸めるようにソファに座ってぎゅっと手を組んでいるその女性は、罪悪感と後悔で心を押しつぶされそうになりながら、今日の事故を思い返していた。

太陽が西に傾くころ、愛犬といつものように散歩に出かけた。

家にこのポメラニアンがやってきてから、半年が経とうとしていた。散歩好きな愛犬は、リードを見せるといつもしっぽを振って走り寄ってきた。

「今日はどこへ行こうかしら」

この日は家から自転車で10分ほどで行ける、江の島のほうへ行ってみることにした。海に突き出た江の島の根元には、相模湾に沿って砂浜が続く湘南海岸がある。サーフィンのポイントとしても、デートスポットとしても人気の場所で、1年を通して多くの観光客が訪れている。

江の島の西側、片瀬西浜海水浴場横にある砂浜に沿って続く遊歩道はお気に入りの散歩コースだ。ここなら自動車の排気ガスや車の往来を気にせずにのんびりと散歩をすることができる。(こんな日には、サーフィンを楽しむ人たちのほかに富士山がくっきりと見えるかも)。

愛犬の小さな足が自転車のカゴの網目に挟まれないようにフリース生地の布を敷き、走行中に飛び出さないようカゴにリードを固定した。

「さあ、出発よ」

愛犬はふわふわのやわらかな毛を風になびかせ、気持ちよさそうに前を向いていた。愛犬と一緒に散歩をするようになって、地元の自然の豊かさを改めて感じることができた。近所を散歩することも多かったが、自転車で少し出かけると、いつもと違う景色が見えるお散歩になるので楽しかった。

ペットをカゴに乗せられる専用の自転車ではなかったこともあり、最初のうちは「ちょっと危ないかな」とためらう気持ちもあった。でもトリミング・サロンへ連れていったり、足腰の弱くなったシニア犬を公園で散歩させたり、買い物やカフェに連れてくるのに犬を自転車に乗せている人を見ているうちに、心配する気持ちも薄れていった。

自転車のカゴにペットを乗せるという行為には危険が伴う。だから飼い主である自分が、責任を持って安全を確保しなければならないということは十分わかっているつもりだった。

しかし事故は起きた。突然の車のクラクションに驚いた愛犬が、自転車のカゴから飛び出した。

「あっ！」

急ブレーキをかけたが間に合わなかった。

「ギャンギャンギャン！」

宙吊りになった愛犬の下半身は、自転車の前輪に巻き込まれた。

急いで近くの動物病院へ駆け込んだ。初めて行った動物病院で簡単な処置をしてもらい、すぐにかかりつけ医のもとへ向かった。日は暮れ、辺りに夕闇が迫っていた。


「手術を始めます」

ＩＣＵに入っているポメラニアンの様子を見て、タイミングを計っていた杉浦がスタッフに声をかけた。

手術台に乗せたポメラニアンの静脈に杉浦が麻酔の注射をすると、すぐに意識がなくなっていった。気管内にチューブを入れて麻酔ガスによる吸入麻酔を行って、麻酔状態を維持させた。吸入麻酔は麻酔薬の濃度の調節性に優れているので、安全性は高い。

全身麻酔中、体に異常がないかを心電図、血圧、呼吸、血液中の酸素濃度を表すモニターを見ながら確認する。

手術開始。

杉浦はポメラニアンの下腹部にメスを入れた。手術前の検査で膀胱破裂の可能性が極めて高いことはわかっていたが、開腹してみてほかの損傷箇所が見つからないとは限らない。

夜間動物病院では、膀胱破裂の手術は年に3件ほどしかない。胃捻転や帝王切開の手術に比べてまれな手術になる。膀胱破裂だけではなく、尿管などの細かいところが破れていればさらに難しい手術になる。応急処置だけして症状が落ち着いたから、「後のことはかかりつけの獣医師へ」となってしまうと、飼い主は治療に納得できずにこの動物病院を後にすることになってしまう。そのために杉浦はどんな症例の動物が来てもいいようにと、さまざまな手術を想定したトレーニングを地道に続けていた。

杉浦が開腹すると、予想していた通りにお腹の中には尿が溜まっていた。膀胱が破れ、すでに壊死して黒くなっている部分があった。そこを取りのぞく。幸い、ほかの臓器に損傷は見られなかった。腹腔内を洗浄して破れた膀胱を縫い合わせていく。呼吸や血圧を管理するモニターに異常は見られない。

手術は1時間ほどで終了した。麻酔から覚めたポメラニアンは、再びＩＣＵで点滴を受けながら安静にしていた。

手術が無事に成功したことを杉浦から聞いた飼い主は、こわばっていた表情を少し緩めた。感謝の気持ちをスタッフに伝え、深夜の動物病院を後にした。

朝になって診療を終えた杉浦は、二次診療センターの昼間のスタッフに術後の様子を見守ってもらえるよう引き継いだ。

愛犬の入院中、飼い主の女性は夫とふたりの子どもたちと毎日お見舞いに来た。ＩＣＵの中で酸素と温度と湿度を管理され点滴をつけたポメラニアンは、飼い主を見つけるとうれしそうに前足でガラス戸をたたいた。

「ごめんね、早くよくなるようにがんばろうね」

経過は良好だった。食欲もあり、血液検査も正常で、超音波検査をすると尿漏れもなく膀胱の回復も順調に進んでいた。

手術から3日が経った。排尿が順調に行われていたため、尿道に留置していた管を抜いた。縫合した膀胱から、万一尿が漏れ出てきた場合に備えてつけていた管も外すことができた。

杉浦はかかりつけ医と1日おきに連絡を取り、回復具合を伝えて今後の治療計画を話し合った。かかりつけ医と飼い主の希望により、二次診療センターの整形外科で骨折の手術をすることになった。

入院して1週間が経ち、二次診療センターの獣医師にバトンタッチした。

明後日の大腿骨骨折の手術を終えて5日もすれば、わが家に帰れるだろう。そうして今度は、かかりつけの獣医師が傷の治り具合を引き続き診てくれる。

このポメラニアンがまた飼い主と散歩できる日は、遠からずやってくる。そうしたら、かかりつけの獣医師が「すっかり回復したよ」と知らせを寄こしてくれるにちがいない。

杉浦がこの動物病院に来て3年半。夜間病院で働く中で、気づいたことがある。それはかかりつけ医との連携の大切さだ。自分たちの治療を引き継ぎ、完治するまで診てくれる。動物の性格やこれまでの病歴、中には家族構成までしっかり把握しているかかりつけ医は、どのように治療を進めるのがいいのか、その動物のことをいちばんよくわかっている。

今の自分の役割は「今、苦しんでいるこの状況を何とかしてくれ」という飼い主の気持ちに応えることだ。この病院のスタッフだけではなく、かかりつけ医も含めてみんなでチーム医療をしていけたらいい。

杉浦は、以前飼い主からもらった手紙を大切にしている。命を救った患者の飼い主からだけではなく、愛しいペットを失った飼い主からも手紙が届けられた。飼い主からの手紙は、自信を失いそうになる自分に力と勇気を与えてくれた。杉浦は、一緒に愛猫の最期を看取った飼い主から送られてきた手紙を開いた。

この動物病院でできる限りのことをしていただけたこと、とてもありがたいことだったと心から感謝しています。

スタッフのみなさまの診療に救われている飼い主、動物がたくさんいます。過酷で大変な仕事だと思いますが、１頭でも多くの動物たちの命を救い、その家族の心もお助けください。

私は、残りの猫たちの良い飼い主になれるようにがんばっていきます。

杉浦は手紙をていねいに折りたたみ、封筒にしまった。飼い主からの手紙は、この病院へ来たときの初心を思い出させてくれていた。

「多くの患者の中の1頭ではない。飼い主にとってはかけがえのない唯一の命だ。その命を救えるように、毎日の治療に全力を尽くしていこう」

救急の最前線に立つ杉浦は、飼い主や動物たちが安心して過ごせる社会にしていくために、広く、より深い知識を身につけて自分をもっと成長させていこうと心に誓った。

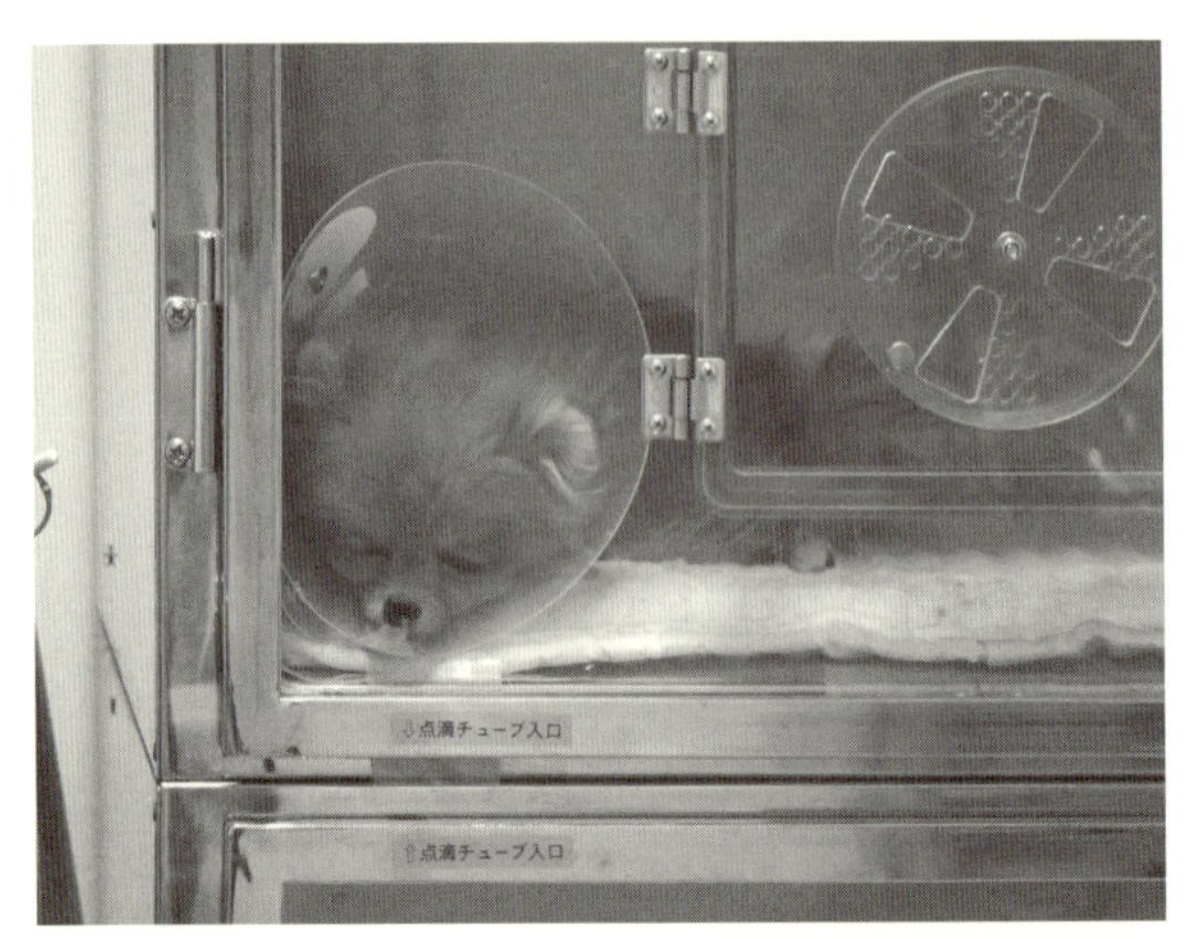

手術を無事に終え、入院中のポメラニアン。この後、かかりつけの獣医師との連携によって回復していった。

現在、医長を務める杉浦。動物の救急医療に日々奮闘している。

あとがき

幼いころからずっと猫を飼い続け、ひとり暮らしをしていたときにも猫と暮らしていた私は、「猫派」を自認していました。

結婚後に動物を飼おうということになり、家族会議で「猫を飼いたい」と希望を伝えたところ、8歳の娘は「飼うならば絶対に犬！」と。頼りの妻にも「猫よりも犬がいいわ」とあっさり却下されてしまい、生まれて初めて犬を飼うことになりました。

さてさて犬種は何にしようかな？

「非常に友好的で活発な遊び好き。学習能力にも優れていて初心者にも飼いやすい」

そう本に書かれていたのが、トイ・プードルでした。

そこから犬を飼うための勉強が始まりました。そうこうして3カ月経つころ、娘と誕生日が同じだというオスのトイ・プードルに出会いました。

桜のつぼみがほころび始めたうららかな日に、やんちゃ盛りの子犬がわが家にやってきました。足が短めで毛量の多い子犬を、『アディ』と名づけました。アディとはどういう意味なのか気になる方のために……。

アニメ「アルプスの少女ハイジ」に出てくる厳格な女性執事のロッテンマイヤーさんが、ハイジを愛称ではなく本名の『アーデルハイド』と呼んでいました。これはドイツ語で「高貴な姿」

という意味があるそうです。そんな感じの子犬ではまったくなかったけれど、素直で明るいハイジに魅せられていた私と妻は、このドイツ語の名前が気に入りました。

「でもドッグランに行ったときに『おいで、アーデルハイド』なんておかしくない？」

という娘の至極もっともな意見で、これを縮めて『アディ』にしたというわけです。

アディが私たちと同じ住空間で自由に走り回っても安全に過ごすことができるように、リビングの横にある台所の入口にはペットフェンスを設置。いろいろなものを誤飲しないように、手の届く高さにはものを置かないように注意しました。リビングの一角にはアディの部屋を作り、落ち着いて過ごすことができるようにサークルの中にキャリーケースを入れて寝床を作りました。

アディがやってきて4カ月が経った、ある蒸し暑い夏の夜のこと。私は窓を開け、ベッドで寝転がって本を読んでいました。

「キャンキャンキャンキャンキャン！」

聞いたことのない大きな鳴き声に驚いてすぐにリビングへと走っていくと、うずくまるアディのそばで妻と娘が心配して顔を覗き込んでいます。ちょっと目を離したすきにソファの背もたれによじのぼって、50㎝ほどの高さから落ちたのだそうです。

「足の骨が折れているかもしれない、どうしましょう……」

妻に聞かれても、朝までこのままにしていていいのか、まったくわかりません。かかりつけの動物病院の診察時間はとっくに終わっていたため、タウンページに載っていた動物病院に次々に電話してみました。しかし夜10時を回っているこの時間では、留守番電話の応答メッセージが流れるばかりでした。

「ここに連れていってみたらどうかしら」

インターネットで調べていた妻がＤＶＭｓどうぶつ医療センター横浜のホームページを見つけてきました。連絡するとすぐに診てくれるというので、車で高速道路を走り病院へ駆け込みました。

動物のための夜間救急病院があるとは、そのときまで知りませんでした。診察の結果、大きな異常は見られず痛み止めの注射をしてもらい帰宅しました。

翌朝、渡されたレントゲン写真を持ってかかりつけの動物病院へ行きました。

「アディちゃん、昨夜は大変でしたね。レントゲン写真はお持ちですよね」

「えっ、先生、何でそのことを知っているんですか」

「ファックスで昨夜の診療の詳細がうちに届いているんですよ」

その見事な連携に感心している私に、先生はさらにこう教えてくれました。

「じつは僕、あの動物病院ができたばかりのときに働いていたんです」

この先生というのが、本文に登場した葉山先生だったのです。アディの診察が終わった後、葉山先生に開業当時のことを聞かせてもらいました。話はとても興味深く、私はさらにこの動物病院にかかわった多くの人たちにも話を聞いてみたいと思い、この本につながる取材が始まりました。

ビルの2階の店舗を借りて「横浜夜間動物病院」としてスタートした小さな動物病院は、今では規模が大幅に拡大し、地域の獣医療の中核的な役割を担う「ＤＶＭｓどうぶつ医療センター横浜」となっています。

２０１４年10月から２０１６年1月までの1年3カ月で、夜間救急診療センターにおける動物の受診数はのべ６０００件。そのうち手術は２５７件ありました。また、昼間の二次診療センターにおける動物の受診数は７３７３件、手術は７３４件行われました。動物や飼い主が安心して暮らせる社会を目指して、３６５日けっして眠ることなく、この病院には明かりがともり続けているのです。

さて、愛犬のアディは3歳になりました。リビングにある私のビーズクッションの上で、いつも心地よさそうにゴロゴロしています。「高貴な」雰囲気を醸し出すことはありませんが、まるでハイジのようにわが家をいつも明るくしてくれています。

取材を始めてから、この本を出版するまでにおよそ3年を要しました。診察を終えて疲れている中、取材にいつも快く応じてくださったＤＶＭｓどうぶつ医療センター横浜にかかわったみなさまには、本当に感謝の気持ちでいっぱいです。獣医療の現場で献身的な働きをされているその姿には、いつも尊敬の念を抱いていました。

また緑書房の川田央恵さんからは、つねに励ましの言葉や多くの的確なアドバイスをいただきました。

「人類はもちろんのこと、地球上のあらゆる生物の生命を尊重する共存・共生の精神なくして、国際紛争の解決も、食糧危機の克服も、地球環境の保全もありえないと考えている」。このような理念の下で出版を通じて社会に貢献する緑書房から、拙著を発行させていただいたのは非常に光栄なことです。

さらに、すばらしい装丁に仕上げてくださったデザイナーの野村道子さんとイラストレーターの佐原苑子さんにも感謝いたします。

この本の印税は、すべて動物保護団体に寄付させていただきます。動物との共生を目指す社会作りに、少しでも役立てていただけたら幸いです。

最後に、この本を手に取ってくださったすべてのみなさまに心から感謝申し上げます。どうもありがとうございました。すべての動物が幸せに暮らせる世の中になることを祈念しつつ、筆をおかせていただきたいと思います。

２０１６年 盛夏

平成 17 年国勢調査（総務省）
http://www.stat.go.jp/data/kokusei/2005

平成 19 年日本獣医師会小動物臨床部会
小動物臨床職域の現状と課題に対する対応
http://nichiju.lin.gr.jp/report/bukai/h19-syodoubutu.pdf

平成 21 年日本獣医師会小動物臨床部会
小動物臨床の質の向上に向けた提供体制のあり方
http://nichiju.lin.gr.jp/report/bukai/h19-syodoubutu.pdf

平成 27 年犬猫飼育率全国調査（一般社団法人ペットフード協会）
http://www.petfood.or.jp/data/chart2015/index.html

犬の登録頭数と予防注射頭数等の年次別推移（厚生労働省）
http://www.mhlw.go.jp/bunya/kenkou/kekkaku-kansenshou10/02.html

獣医師をめぐる情勢について（農林水産省）
http://www.maff.go.jp/j/study/other/jui_jukyu/pdf/4_1.pdf

DVMs 動物医療センター横浜　http://www.yokohama-dvms.com

アニコムホールディングス　http://www.anicom.co.jp

アニコム家庭どうぶつ白書　http://www.anicom-page.com/hakusho/book

一般社団法人ペットフード協会　http://www.petfood.or.jp

一般社団法人ジャパンケネルクラブ　http://www.jkc.or.jp

京都女子大学社会研究（蒲生孝治）
家庭用愛玩動物に関する意識調査と今後の方向
http://ponto.cs.kyoto-wu.ac.jp/bulletin/14/gamou.pdf

新規マンション・データ・ニュース（株式会社不動産経済研究所）
http://www.fudousankeizai.co.jp/Icm_Web/dtPDF/kisha/121011jyutaku.pdf

横浜市都筑区・都筑区役所　http://www.city.yokohama.lg.jp/tsuzuki

Petwell 犬の病気事典　http://www.petwell.jp/disease/dog

ペットの安楽死における倫理的問題（鶴田尚美）
https://www.ic.nanzan-u.ac.jp/ISE/japanese/publications/se27/27-10tsuruta.pdf

欧州におけるペット動物保護の取組みと保護法制（諸橋邦彦）
http://www.ndl.go.jp/jp/diet/publication/refer/pdf/072005.pdf

◇参考文献

『小動物医療救急救命シークレット』(アニマル・メディア社)
WAYNE E. WINGFIELD 著　安川明男 監訳

『動物たちの救急救命室』(草思社)　タフツ大学ERチーム、武者圭子 訳

『動物病院24時　獣医師ニックの長い長い1日』(NTT出版)
ニック・トラウト 著、桃井緑美子 訳

『犬を殺すのは誰か　ペット流通の闇』(朝日新聞出版)　太田匡彦 著

『わたし、獣医になります! アメリカ動物病院記』(ポプラ社)　井上夕香 著

『小さな命を救いたい』(エフエー出版)　西山ゆう子 著

『ドイツの犬はなぜ吠えない?』(平凡社)　福田直子 著

『種の起源(上)(下)』(岩波書店)　ダーウィン 著　八杉龍一 訳

『イヌ・ネコ 家庭動物の医学大百科改訂版』(パイインターナショナル)
山根義久 監修 公益財団法人動物臨床医学研究所 編

『犬の家庭医学大百科』(緑書房／ペットライフ社)
ブルース・フォーグル 著　武部正美 監訳

◆参考ウェブサイト

環境省　http://www.env.go.jp/

平成 12 年国勢調査（総務省）
http://www.stat.go.jp/data/kokusei/2000/index.htm

平成 12 年動物愛護に関する世論調査（内閣府）
http://www8.cao.go.jp/survey/h12/aigo

平成 12 年度犬の登録頭数等（神奈川県）
http://www.pref.kanagawa.jp/cnt/p41643.html

平成 13 年度国民生活白書　家族の暮らしと構造改革（内閣府）
http://www5.cao.go.jp/seikatsu/whitepaper/wp-pl/wp-pl01/index.html

平成 16 年獣医師をめぐる情勢について（農林水産省）
http://www.maff.go.jp/j/study/other/jui_jukyu/pdf/4_1.pdf

著者プロフィール

細田孝充（ほそだ たかみつ）

1972年埼玉県生まれ。早稲田大学大学院教育学研究科国語教育専攻修士課程修了。フリーランスのライターとして教育、スポーツ、文化、旅など幅広い分野の執筆を行う。共著に、1998年夏の甲子園で松坂大輔擁する横浜高校と名門PL学園が繰り広げた延長17回の熱戦を、監督や選手たちの心の機微を交えて綴った『ドキュメント横浜 vs PL学園』（アサヒグラフ特別取材班／朝日新聞社）がある。現在、私立の中高一貫校で教壇に立つ。

動物たちの命の灯を守れ!

夜間動物病院奮闘ドキュメント

2016年7月20日　第1刷発行

著者　細田孝充
発行者　森田 猛
発行所　株式会社 緑書房
〒103-0004
東京都中央区東日本橋2丁目8番3号
TEL 03-3833-0560
http://www.pet-honpo.com/
印刷・製本　図書印刷

© Takamitsu Hosoda
ISBN978-4-89531-271-4　Printed in Japan
落丁・乱丁本は弊社送料負担にてお取り替えいたします。

本書の複写にかかる複製、上映、譲渡、公衆送信（送信可能化を含む）の各権利は株式会社緑書房が管理の委託を受けています。

JCOPY 〈㈱出版者著作権管理機構 委託出版物〉

本書を無断で複写複製（電子化を含む）することは、著作権法上での例外を除き、禁じられています。本書を複写される場合は、そのつど事前に、（一社）出版者著作権管理機構（電話03-3513-6969、FAX03-3513-6979、e-mail:info@jcopy.or.jp）の許諾を得てください。また本書を代行業者等の第三者に依頼してスキャンやデジタル化することは、たとえ個人や家庭内での利用であっても一切認められておりません。

編集　川田央恵
カバー・本文デザイン　野村道子（bee's knees-design）
カバーイラスト　佐原苑子